T0200162

Das schöpferische Gehirn

EBOOK INSIDE

Die Zugangsinformationen zum eBook inside finden Sie am Ende des Buchs.

Konrad Lehmann

Das schöpferische Gehirn

Auf der Suche nach der Kreativität –
eine Fahndung in sieben Tagen

 Springer

Konrad Lehmann
Allgem. Zoologie und Tierphysiologie
Universität Jena
Jena
Deutschland

ISBN 978-3-662-54661-1   ISBN 978-3-662-54662-8   (eBook)
https://doi.org/10.1007/978-3-662-54662-8

Die Deutsche Nationalbibliothek verzeichnet diese Publikation in der Deutschen Nationalbibliografie; detaillierte bibliografische Daten sind im Internet über http://dnb.d-nb.de abrufbar.

Einbandabbildung: deblik Berlin
Planung: Frank Wigger
Redaktion: Matthias Reiss

Gedruckt auf säurefreiem und chlorfrei gebleichtem Papier

Springer ist Teil von Springer Nature
Die eingetragene Gesellschaft ist Springer-Verlag GmbH Deutschland
Die Anschrift der Gesellschaft ist: Heidelberger Platz 3, 14197 Berlin, Germany

Für Clara, Katharina und Lorenz,
die das Beste und Liebste sind, was mir je kreativ gelungen
ist oder gelingen wird
(ohne damit den Beitrag meiner wundervollen Gattin
schmälern zu wollen)

Danke

... liebe Familie.

... Frank Wigger und Martina Mechler vom Verlag Springer Spektrum für die Bereitschaft, sich auf dieses Manuskript einzulassen, und die freundliche, kollegiale und kompetente Betreuung bei der Umsetzung.

... Matthias Reiß für die respektvolle und sprachsichere Lektorierung des Textes.

... lieber Herr Professor Bolz und liebe Friedrich Schiller-Universität Jena für die langjährige Zusammenarbeit und Förderung, die es mir ermöglichten, dieses Buch zu schreiben.

... liebe Gertraud Teuchert-Noodt für die Hinführung zu jenen Gehirngebieten, die kreatives Denken ermöglichen.

... auch allen Kollegen und allen Schriftstellern, Künstlern, Komponisten, Philosophen und sonstigen schöpferischen Geistern, von denen ich so viel gelernt habe und immer noch lerne.

Inhaltsverzeichnis

Der erste Tag:
Was ist Kreativität?

„Was für ein Tohuwabohu", sagt Commissario Prefrontale kopfschüttelnd. Sie haben vor dem strömenden Dauerregen Schutz unter einem Balkon gesucht. Nun lassen Sie beide den Blick über das schweifen, was eigentlich die Rasenfläche hinter dem Finanzamt ist. Gewesen ist. In unregelmäßigen Flecken sind allenthalben Beete umgegraben, so dass die Reste des Rasens dazwischen geschwungene Wege bilden. Da und dort stehen frisch gepflanzte Obstbäume und Beerenbüsche. Eine roh gezimmerte Bank auf einer Raseninsel schaut nach Süden und wartet auf die Sonne.

Während Sie noch in den Regen schauen und versuchen, sich den schlammigen Garten im Sonnenschein vorzustellen, gesellt sich noch jemand zu Ihnen unter den Balkon. Die junge Frau streift sogleich die Kapuze ihrer Outdoor-Jacke ab und offenbart eine rotgefärbte Kurzhaarfrisur, die

© Springer-Verlag GmbH Deutschland 2018
K. Lehmann, *Das schöpferische Gehirn*,
https://doi.org/10.1007/978-3-662-54662-8_1

ihr jugendliches Gesicht noch jungenhafter wirken lässt. Prefrontale, der lange wortlos vor sich hin gestarrt hat, wird mit einem Mal lebendig.

„Hübsch geworden!", sagt die junge Frau fröhlich. „Noch ist das hier wüst und leer, aber wenn man hinschaut, erkennt man die Gestaltungsidee. Das hat Struktur. Und außerdem ist so ein Garten auch viel schöner und nützlicher als eine langweilige Rasenfläche."

„Signora Amina", tadelt Prefrontale barsch, aber nicht ohne Freundlichkeit, „Sie stehen hier vor einem Verbrechen. Was hier geschehen ist, ist Beschädigung öffentlichen Eigentums und Landfriedensbruch. Die Polizei hat die Aufgabe, den Täter zu ermitteln, und das wird sie auch tun. Sagen Sie das bitte Ihren Lesern."

„Ein Verbrechen?" Amina hebt die Augenbrauen. „Ist denn sicher, dass die Umgestaltung nicht von der Stadt beauftragt ist?"

„In der Nacht?", fragte Prefrontale spöttisch. „Ohne Ausschreibung, ohne öffentliche Diskussion? Oder weiß die Presse mal wieder etwas, was die Polizei nicht weiß?"

Amina schüttelt den Kopf. „Nein, ausnahmeweise nicht. Ich habe schon versucht, die Stadtverwaltung anzurufen. Aber ich erreiche dort niemanden."

Prefrontale wendet sich an Sie: „Versuchen Sie's auch mal, Hastings."

„Ich heiße nicht …", heben Sie protestierend an, aber der Commissario winkt ab: „Weiß ich doch. Mon cher Hastings, Sie sind bei dieser Sache meine rechte Hand."

Obschon sicherlich geschmeichelt, haben Sie eine Nachfrage:

„Kann man denn eine Verschönerung einfach als Beschädigung behandeln? Ist jede spontane Gestaltung gleich ein Verbrechen?"

Prefrontale winkt ab: „Das zu entscheiden liegt nicht an uns. Das ist Aufgabe der Staatsanwaltschaft. Unser Job ist, die Täter dingfest zu machen. Die Bewertung ...“ – er weist mit galanter Bewegung auf Amina – „... überlassen wir der Presse.“

Noch einmal lässt er den Blick über den neu geschaffenen Garten schweifen, dann wendet er sich um. „Kommen Sie. Gehen wir ins Präsidium, wo wir es trocken, warm und hell haben. Wir wollen Licht in die Sache bringen.“

****

Wissenschaftliche Texte über Kreativität heben gerne mit der Behauptung an, das Thema sei deswegen so faszinierend, weil schöpferische Leistungen das seien, was den Menschen zum Menschen macht.

Das ist falsch. Wenn Michael Tomasello vom Max Planck-Institut für Evolutionäre Anthropologie in Leipzig recht hat, dann ist es unsere soziale Intelligenz, unsere Fähigkeit zu Empathie, Nachahmung und Altruismus, die uns von den Menschenaffen unterscheidet.[1] Kreative Leistungen dagegen sind im Tierreich recht weit verbreitet. Was insbesondere Vögel sich gelegentlich einfallen lassen, ist faszinierend. Dass Tauben wie Menschen imstande sind, eine neue Lösung durch Einsicht zu finden, haben Verhaltensforscher schon vor über 30 Jahren gezeigt.[2]

Aber was tut's? Wird die Fähigkeit, neue Ideen zu haben, ungewohnte Lösungen zu finden, herzwringende Kunst hervorzubringen, unbekannte Welten vorzustellen – wird diese Fähigkeit weniger bedeutsam und geheimnisvoll, wenn andere Tiere sie, zumindest in Ansätzen, auch besitzen?

Eher im Gegenteil. Betrachtet man die ungeheure Vielfalt, Schönheit und Raffinesse, welche die Evolution hervorgebracht hat, dann ist Kreativität vielleicht sogar ein allgemeines Merkmal des Lebens, ja, sie ist das, was Leben ausmacht. Wenn das kein Grund ist, sich damit zu beschäftigen! Und zugleich verspricht diese Überlegung, dass eine biologische Betrachtung der Kreativität möglich ist. Wenn biologische Systeme schöpferisch Neues hervorbringen, dann kann die Naturwissenschaft untersuchen, wie sie das tun. Dann ist es sinnvoll, den Ursprung menschlicher Kreativität im Palaver der Nervenzellen zu suchen.

Damit diese Suche sinnvoll sei, müssen wir wissen, wonach wir fahnden. Was ist Kreativität? Ist es der Entwurf einer Kathedrale? Die Lösung eines wissenschaftlichen Problems? Oder schon das Seidenmalen nach Feierabend? Ist Kreativität eine Frage der Quantität – die Fähigkeit, viel zu erschaffen? Oder der Qualität – die Fähigkeit, Großes zu erschaffen? War der britische Fantasy-Autor Terry Pratchett kreativer als sein Kollege Douglas Adams, weil Pratchett Bücher produziert hat wie eine Hochleistungskuh Milch, während man Adams seine Geschichten abmelken musste wie einer Maus? Oder war Bach kreativer als Händel, weil seine Werke einfach viel, viel, viel besser sind? Waren Technologievermarkter wie Edison und Jobs kreativ oder eher ihre Angestellten Tesla und Wozniak, die das Zeug tatsächlich entwickelt haben?

Verschiedene Leute, vermutlich sogar verschiedene Kreativitätsforscher, werden diese Fragen unterschiedlich beantworten. Darum ist es gut, dass sich die einschlägigen Wissenschaftler auf eine sehr einfache und allgemeine Definition geeinigt haben.

Zunächst einmal gehen sie nicht vom Menschen aus, sondern von den Leistungen. „Kreativ" im wissenschaftlichen

Sinne ist erst einmal ein Erzeugnis, erst dann dessen Erzeuger. Und was ist eine kreative Leistung? Eine, die, so die Definition, „neuartig und angemessen" ist.

Neuartig – das versteht sich. Wenn ich auf die Idee komme, „Dadádadááá" in c-Moll auf Notenpapier zu schreiben, ist das nicht kreativ, denn die Idee hatte Beethoven schon vor mir. Nur neue Gedanken sind kreativ. Es sind aber nicht umgekehrt nur kreative Gedanken neu. „Schmölpfel" ist, soweit ich weiß, ein gänzlich neues Wort. Aber leider ist es Unfug und bedeutungslos. Es ist leicht, massenhaft solche sinnlosen Wörter zu produzieren, ebenso wie es leicht ist, blind auf dem Klavier herumzuklimpern oder wehrlose Blätter vollzukrakeln. Unter bestimmten Erscheinungsformen der Psychose produzieren die Patienten am laufenden Band sinnloses Zeug, und mit einem kräftigen Rausch von THC oder Alkohol kann man denselben Effekt erreichen. In allen diesen Fällen wird man nicht von „Kreativität" sprechen. Warum nicht? Weil die Hervorbringungen nicht angemessen sind. Sie lösen kein Problem, sie passen nicht in die Situation, sie ergeben im Kontext keinen Sinn.

Sicherlich ist das Kriterium der Angemessenheit schwierig. Es lässt sich gut auf wissenschaftliche Eingebungen anwenden, weil hier klar ist, was das Problem ist. Im Bereich der Kunst liegt das Problem meist weniger offen – aber auch hier beurteilen wir den Wert eines Werkes danach, wie gut es sein selbstgestelltes Thema behandelt. Es kommt auch vor, dass ein großes Werk seiner Zeit voraus ist: Beethovens Große Fuge aus seinem letzten Streichquartett war seinen Zeitgenossen unverständlich; dasselbe gilt für Whistlers „Nocturne in black and gold" oder Schwitters' Ursonate. Und doch: Nach einiger Zeit klärte sich das Urteil. Es mag nicht immer einfach sein, zu erkennen, ob ein neues Erzeugnis angemessen ist, aber es ist möglich. Und jedenfalls ist das Kriterium nötig, um Kreativität zu bestimmen.

Noch etwas kennzeichnet neuartige Lösungen: Man kann sie nicht suchen in dem Sinne, in dem man den Zestenreißer in der Küchenschublade sucht. Sie sind ja noch nicht da, bevor sie gefunden werden. Sie müssen einem geschenkt werden, so wie die letzten Meter zum Blütenzimmer der Kindlichen Kaiserin auf dem Elfenbeinturm in der Unendlichen Geschichte. In einem dunklen Chaos von Gedankenfetzen heißt es plötzlich: „Es werde Licht!"

Ein wundervolles Beispiel für diesen Vorgang ist der vielleicht folgenreichste, jedenfalls bekannteste kreative Einfall der letzten Jahrzehnte, der sich im Jahre 1990 in einem verspäteten Zug nach Manchester ereignete: „I was going by train to Manchester from London, just sitting there, thinking of nothing to do with writing, and the idea came out of nowhere. I could see Harry very clearly. This scrawny little boy. And it was the most physical rush. I've never felt that excited about anything to do with writing. I've never had such a physical response. So, I'm rummaging through this bag to find anything to write with. I didn't even have an eyeliner. So, I just had to sit and think. Um, for four hours, because the train was delayed. I had all these ideas bubbling up through my head. [...] I can't describe the excitement to someone who doesn't write books, except to say that it's that incredibly elated feeling you get when you've just met someone with whom you might fall in love. That was the kind of thing that had happened. Like I had just met someone wonderful, and we were about to embark on this wonderful affair. That kind of elation, that kind of lightheadedness, that excitement."[3]

So erzählte Joanne K. Rowling in einem Interview im Jahre 2002,[4] wie sie die Idee zu Harry Potter fand.

Die Wucht, mit der Harry Potter seine Autorin buchstäblich verzauberte, mag ungewöhnlich sein, aber der Vorgang ist es nicht. Im Gegenteil folgt er einem typischen Ablauf, den der Kreativitätsforscher Graham Wallas schon in den Zwanziger Jahren des 20. Jahrhunderts beschrieben hat[5]:

Vorbereitung: „Le hasard ne favorise que les esprits préparés", schrieb Louis Pasteur, „der Zufall [der Entdeckung] bevorzugt nur die vorbereiteten Geister." Eingebungen fallen nicht in die Köpfe wie Taubenscheiße, ohne Ansehen der Person. Sie stellen sich nur ein, wenn ihnen in harter Arbeit das Gelände bereitet wurde. Allen künstlerischen und wissenschaftlichen Einfällen ging langes Lernen und Üben auf dem betreffenden Gebiet voraus. Auch Joanne Rowling hatte, als Harry Potter in ihr Leben trat, seit fast zwanzig Jahren, seit Kindertagen, Geschichten geschrieben.

Inkubation: Und doch kann man es nicht erzwingen. So sehr man ein Problem auch wälzt und von allen Seiten betrachtet: Der Knackpunkt offenbart sich nicht durch Suchen. Es vergeht Zeit, in der die Beschäftigung mit dem Problem vielleicht in den Hintergrund tritt. Womöglich denkt man, wie Rowling im Zug, an gar nichts. Tief im Innern gärt es, und man kann nur abwarten, bis sich der Wein der Erkenntnis geklärt hat.

Vorahnung: Bevor sich die Idee einstellt, hat man gelegentlich das Gefühl, dass etwas auf dem Weg ist. Dieses langsame Aufleuchten in den Augen, das „Ich glaub', ich hab's!" Es kann auch fehlen; viele spätere Kreativitätsforscher streichen die Vorahnung aus dem Ablauf.

Erleuchtung: Der Blitzschlag. Plötzlich ist die Eingebung da. Die Lösung des lang gesuchten Problems liegt unversehens klar und vollständig vor dem Suchenden. Und er weiß, dass sie richtig ist. Dieses sichere Gefühl ist eine typische Eigenschaft der Erleuchtung. Rowling spricht von „Jubel, Benommenheit, Aufregung" und vergleicht das Gefühl mit dem akuter Verliebtheit. Nicht jeden mag es so stark treffen; die Probanden, denen Wissenschaftler ihre kleinen Erleuchtungen im Labor bereiten, werden nicht laufend in Schwärmerei ausbrechen. Aber sie spüren stets, ohne weitere Überprüfung, dass sie das Richtige getroffen haben.

Bestätigung: Trotzdem muss die Idee noch aus dem Kopf in die Welt. Im Bereich der Wissenschaft heißt dies, dass Experimente durchgeführt werden müssen, um den Zusammenhang, den man erraten hat, stichfest zu beweisen. In der Kunst liegt die harte Arbeit vor dem Künstler, das Werk von der Vorstellung aufs Papier oder auf die Leinwand zu bringen. Erst dann ist der kreative Prozess abgeschlossen. Wer viele Ideen hätte, aber keine davon umsetzte, könnte nicht als kreativ gelten.

Wallas beschrieb mit seinen fünf Phasen große kreative Errungenschaften. Das Problem für die Wissenschaft ist: Solche kreativen Vulkanausbrüche ereignen sich selten und unvorhersehbar. Man kann sie nicht im Labor erzeugen und untersuchen. Rowling selbst nannte das Ereignis im Zug „the purest stroke of inspiration I've ever had in my life". Einmal im Leben ist zu wenig für eine brauchbare Stichprobe. Zwar hat man Malern bei der Arbeit zugeschaut, und dabei ihre Augenbewegungen aufgezeichnet, oder auch Picassos Studien für „Guernica" Schritt für Schritt studiert.[6] So kann man verstehen lernen, wie ein Kunstwerk organisiert und gestaltet wird, wie ein Künstler vorgeht und urteilt. Aber den magischen Augenblick, in welchem der Keim aufplatzt, aus dem das alles wächst – den erwischt man so nicht.

Die Messung der Kreativität

Aber Wissenschaftler haben sich davon nicht schrecken lassen, und verschiedene Annäherungen gefunden, wie sie kreatives Denken studieren können. Der Trick dabei ist, sich nicht auf die seltenen Geniestreiche zu beschränken – das, was Kreativitätsforscher *big C* nennen. Sondern zu berücksichtigen, dass es auch kreative Alltagsleistungen gibt, das sogenannte *little c*. Es ist nicht nötig, dass der Proband im Labor die Weltformel findet oder das Hauptthema einer großen Symphonie. Es genügt, wenn er den Nutzen von Baumaterial erwägt. Auch dabei werden die Wallas'schen Phasen im Zeitraffer durchlaufen.

Tatsächlich wiegt einer der gängigsten Kreativitätstests fast 4 kg. Und hat dabei nur sechs Seiten. Denn es ist: ein Ziegelstein.

Stellen Sie sich vor, es läge ein Ziegelstein vor Ihnen. Was könnten Sie damit machen?

Es gibt naheliegende Antworten: ein Haus bauen. Jemandem den Schädel damit einschlagen. Eine Tür damit aufhalten. Das ist alles nicht sonderlich originell und bringt Ihnen, wenn der Test ausgewertet wird, nur einen Punkt.

Andere Ideen liegen nicht so auf der Hand: als Buchstütze verwenden. Draufsteigen, um über die Mauer zu kommen. Hinter ein Autorad legen, damit es nicht zurückrollt. Für solche mittelprächtigen Einfälle gibt es zwei Punkte.

Und dann gibt es Ideen, auf die nicht leicht einer kommt: aushöhlen und als Vase benutzen. Die Kanten als Lineal und Winkelmaß verwenden. Kleinhacken und auf die rutschige Straße streuen. Als Zirkusnummer auf dem Kopf balancieren. Der Lohn: je drei Punkte.

Ausgewertet wird dann, wie viele Möglichkeiten Ihnen eingefallen sind – die Flüssigkeit Ihres Ideenstroms –, und wie viele Punkte Sie damit errungen haben, also wie originell die Ideen waren.

Probieren Sie es aus! Ganz ohne Auswertung. Sie werden staunen, was man alles mit einem Ziegelstein anfangen kann. Man sollte eigentlich immer einen bei sich tragen.

Dieser Test geht zurück auf Joy Paul Guilford, einen der Begründer der Kreativitätsforschung. Er kam schon Ende der Vierzigerjahre zu der Ansicht, dass Intelligenz eine von Kreativität verschiedene Fähigkeit sei und dass es wichtig sei, Kreativität messen zu können. Als Hauptmerkmal kreativen Denkens sah er an, dass es sich um divergentes Denken handelt. Was ist das? Alltägliches, analytisches, deduktives Denken ist konvergent. Es nutzt vorhandene Informationen, zieht daraus logische Schlüsse und kommt zu einem richtigen Ergebnis. Nur einem. Die Fülle der Informationen konvergiert auf eine Lösung. Divergentes Denken hingegen verlässt die vorgegebenen Pfade, es findet von einem Ausgangspunkt aus viele Möglichkeiten. Diese sind nicht im logischen Sinne „richtig", sondern nur möglich oder angemessen. Kreativitätsforscher sind sich bis heute weitgehend einig, dass die Fähigkeit zu divergentem Denken ein Kernmerkmal der Kreativität ist.

Der Ziegelsteintest ist der typische *Unusual uses*-Test. Man kann ihn natürlich auch mit Zeitungen, Bleistiften,

Konservendosen oder Stiefeln durchführen. Ein anderer, sehr
weit verbreiteter Test auf divergentes Denken, der im Grund-
satz ähnlich funktioniert, ist der *Torrance Test of Creative
Thinking*, kurz TTCT oder Torrance-Test

Er besteht aus mehreren Teilen, in denen originelle Ant-
worten auf verschiedene Fragen und Anreize gefordert
werden. Im ersten Teil geht es um sprachliches Denken. Die
Versuchspersonen müssen sich Antworten einfallen lassen zu
Fragen wie: „Zähle möglichst viele unmögliche Dinge auf!",
„Wenn es keine Schulen gäbe, was könntest du tun, um eine
Erziehung zu bekommen?" oder „Wie könnte man eine Tee-
kanne verbessern?", und Sie schreiben eine phantasiereiche
Geschichte. Im zweiten Teil sind die Reize nonverbal. Bilder
zeigen Situationen, deren Ursachen und Folgen man sich
ausdenken muss. Oder es wird gefragt, was für ungewöhnliche Dinge man mit einem Spielzeug anstellen könnte. Im
dritten, komplett nonverbalen Teil schließlich müssen die
Probanden zeichnen. Bilder wie in Abb. 1 werden vorgegeben, verschiedene Linienfragmente, und sollen zu sinnvollen
Bildern komplettiert werden. Oder es werden 42 Kreise vorgegeben, die man zu einem einfallsreichen Bild kombinieren
soll.

Diese beiden und ähnliche Tests und Aufgaben, in denen
sich Versuchspersonen an Ort und Stelle Neuartiges einfallen lassen sollen, werden in vielen, vielleicht den meisten
neurobiologischen Studien zur Kreativität verwendet. Sie
haben allerdings einen großen Nachteil: Mit überraschenden
Erleuchtungen, wie sie das Wallas-Modell beschreibt, haben
sie, zumindest auf den ersten Blick, nicht viel zu tun. Um bei
dem Beispiel zu bleiben: Joanne Rowling saß eben nicht im
Zug und dachte sich am laufenden Band Handlungsstränge

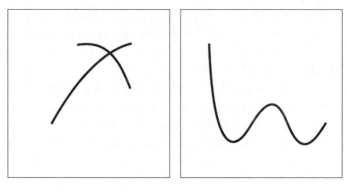

Abb. 1 Die Bilder sind nicht ganz fertig geworden. Bitte vervollständigen Sie. So ungefähr sehen Tafeln des Torrance-Tests aus

aus. Gewiss, das hat sie späterhin und seither getan. Die sieben Bände Harry Potter, ebenso wie ihre späteren Romane, bestehen ja nicht nur aus Hauptperson und zentralem Handlungsstrang, sondern es mussten ringsherum Seitencharaktere und Nebenhandlungen gestrickt werden. Es ist plausibel anzunehmen, dass dabei Guilford'sches divergentes Denken zum Einsatz kam. Aber was ist mit der Inspiration, die dem allen zugrunde liegt? Lässt sich die mit einem Ziegelstein imitieren?

Einige Kreativitätsforscher fokussieren daher auf einen anderen Typus von Aufgaben: solche, die vorhersagbar kleine Einsichten produzieren. Im Prinzip: Rätsel. Dabei entsteht zwar nichts Neues, denn die Lösung ist den Versuchsleitern ja vorher bekannt. Aber dafür werden die Wallas'schen Phasen, vor allem Inkubation und Erleuchtung, in kurzer Zeit durcheilt, und das kleine Heureka!, wenn man die Lösung hat, ist eine Miniaturausgabe von Rowlings Hochstimmung im Zug.

Der am häufigsten verwendete dieser Tests trägt die unverdiente Abkürzung RAT: *remote association task*. Er geht so: Drei Worte werden vorgegeben. Es gilt, ein viertes Wort zu finden, das mit jedem der anderen drei eine sinnvolle Verbindung eingeht. Zum Beispiel[7]: aid – rubber – wagon. Was passt? Kommen Sie drauf? Oder: safety – cushion – point. Oder: river – note – account. Oder: flower – friend – scout. Falls Sie nicht drauf kommen: Die Lösungen stehen in der Anmerkung.

Wenn Sie einige dieser Rätsel gelöst haben, dann haben Sie dabei vermutlich diesen kleinen Aha-Effekt verspürt, der anzeigt, dass die gefundene Lösung die richtige ist. Man kann die Aufgaben allerdings auch sozusagen geistlos lösen, mit roher Gewalt, indem man alle möglichen Kombinationen im Kopf durchgeht. Dass es diese beiden Möglichkeiten gibt, ist durchaus ein Vorteil. So können Neurobiologen anhand derselben Aufgaben die Gehirnprozesse, die bei Einsicht auftreten, von denen unterscheiden, bei denen eine Lösung durch Herumsuchen zustande kommt.

Kreativität, Kreativitäten oder Kreativitäter?

Mit diesen und ähnlichen Aufgaben für divergentes Denken und Aha-Effekte lässt sich Kreativität – oder wenigstens ein wichtiger Bestandteil davon – leicht im Labor untersuchen. Viele Wissenschaftler sprechen ganz ungeniert davon, dass sie „die" Kreativität erforschen, wenn sie ihren Versuchspersonen einen Ziegelstein oder eine Rätselaufgabe vorlegen. Es gibt aber auch Zweifel daran.

Gibt es „die" Kreativität überhaupt? Oder nicht vielmehr eine große Zahl von Kreativitäten? Hätte Mozart auch ebenso gut ein bedeutender Bildhauer werden können, wenn sein Vater Steinmetz gewesen wäre? Hätte sich der Regimentsarzt Schiller auch entscheiden können, physiologische Forschung von Weltrang zu betreiben? Wäre Picasso auch imstande gewesen, den großen Antikriegsroman seiner Zeit zu schreiben? Also: Ist Kreativität domänenspezifisch, also festgelegt auf ein Feld, oder domänen-allgemein? (Abb. 2)

Schaut man sich die Biografien großer Künstler an, dann spricht auf den ersten Blick mehr für die umfassende Kreativität: Schumann konnte sich lange nicht entscheiden, ob er Komponist oder Dichter werden sollte, und wurde dann das, was er „Tondichter" nannte. Nietzsche stand vor derselben Entscheidung, mit entgegengesetztem Ergebnis, hinterließ aber genügend Kompositionen, um eine CD zu füllen. Goethe war sich fast zeitlebens unsicher, ob er nicht lieber Maler geworden wäre; besonders stolz war er auf seine wissenschaftlichen Entdeckungen. (Nur von Musik verstand er

Abb. 2 Die Pinien von Rom: Tuschezeichnungen der großen Künstler J.W. von Goethe (links, „Aus der Villa Borghese bei Rom") und C. Saint-Saëns (rechts, ohne Titel)

wirklich nichts.) Schon dreihundert Jahre bevor Goethes
Freund Wilhelm von Humboldt, der gemeinsam mit seinem
Bruder fast das gesamte Feld menschlichen Wissens abdeckte,
sein Bildungsideal formulierte, huldigte Italien dem uomo
universale: Leon Battista Alberti war Dichter, Essayist,
Architekt, Kunstexperte, Mathematiker, Musiker und kraft-
strotzender Sportsmann (und malte auch, aber nicht so gut);
Leonardo war herausragend als Künstler, Ingenieur, Univer-
salwissenschaftler und Kunsttheoretiker; Michelangelo sah
sich als Bildhauer, malte widerwillig Decke und Stirnwand
der Sixtinischen Kapelle, entwarf als Architekt die Kuppel
des Petersdoms und schrieb nebenbei Sonette, die bis heute
zum Kanon italienischer Literatur zählen. In größerer zeitlicher Nähe haben wir Georg Kreisler, den genialen Dichter,
Komponisten, Sänger und Pianisten, Michael Ende, der
„Momo" selbst illustrierte und seine Gedichte zur Gitarre
sang, John Lennon, der Kurzgeschichten und Zeichnungen
veröffentlichte, bevor er Beatle wurde, und Shel Silverstein,
den Dichter, Drehbuchautor, Illustrator und Songschreiber.

Die anekdotische Evidenz legt also nahe, dass hohe Kreativität sich häufig in mehreren Domänen ausdrückt. Der Kreativitätsforscher Cassandro hat das auch quantitativ bestätigt[8]:
Von 2012 Genies leisteten 15 % Herausragendes in mehreren
Unterbereichen eines Tätigkeitsfeldes (also z. B. als Dichter
und Romancier), 24 % sogar in mehreren Feldern.

Trotzdem waren 61 % der untersuchten Genies totale
Einseiter. Mag sein, dass sie heimlich und sozusagen hinter
ihrem eigenen Rücken noch in anderen Künsten dilettier-
ten. Bedeutsames jedoch leisteten sie nur auf einem Gebiet.
Aber man darf nicht vergessen: Hohe kreative Leistung fällt
nicht vom Himmel. Sie setzt eine intensive Beschäftigung

mit der Materie und große handwerkliche Meisterschaft voraus. Kreativitätsforscher sprechen von der „Zehnjahresregel": Es braucht zehn Jahre fleißigen Lernens, ehe selbst ein talentierter Mensch imstande ist, in einem Feld etwas Bedeutsames zu leisten. Da mag man sich ausrechnen, auf wie vielen Gebieten einer in seiner Lebenszeit zum Genie werden kann. Theoretisch. Denn praktisch hat nicht jeder das Glück Goethes, einen Fürsten zu finden, der ohne weitere Ansprüche die Rechnungen bezahlt: Die meisten Künstler und Denker müssen von ihren Produkten leben. Sie können es sich schlicht nicht leisten, das Gebiet, auf dem sie gerade erfolgreich sind, aufzugeben, um mal was Neues zu lernen.

Dass einige Geistesgrößen mehrfach begabt waren, die meisten anderen hingegen nicht, beweist einfach gar nichts. Und experimentelle Untersuchungen mit Tests zu divergentem Denken und Einsichten helfen nicht weiter, weil sie vorwiegend sprachliches Denken untersuchen, also nur eine einzige Domäne. Von da aus schließen sie dann auf „die" Kreativität, aber ob das zulässig ist, ist ja gerade die Frage.

Darum favorisieren einige Kreativitätsforscher einen dritten Ansatz, um Kreativität zu messen, einen, der sehr nah ist an dem, was wir im Alltag als kreativ bezeichnen: Man lässt Versuchspersonen kleine Werke produzieren – Zeichnungen, Kollagen, Gedichte, Kurzgeschichten, Tonskulpturen, sogar interessante mathematische Gleichungen. Und dann legt man diese Erzeugnisse Experten zur Beurteilung vor. Denn Expertenurteile über kreative Leistungen sind sich – anders als die Urteile von sogar trainierten Laien – immer erstaunlich einig. So bekommt man ein ziemlich verlässliches Maß, ob jemand auf einem bestimmten Gebiet imstande ist, etwas

Kreatives zu leisten. Man nennt dies den *creative achievement test*, kurz CAT. Der CAT hat verschiedene Vorteile. Als kreativ bezeichnen wir nicht unbedingt jemanden, der verrückte Dinge mit einem Ziegelstein anfängt. Und noch weniger jemanden, der Rätsel löst. Wohl aber jemanden, der ein kreatives Werk hervorbringt, oder besser noch: viele kreative Werke. Außerdem kann man beim CAT nicht schummeln. Sie können sich leicht Strategien antrainieren, um viele ungewöhnliche Nutzungen für Alltagsgegenstände zu finden. Und zack! – sind Sie beim nächsten Test gleich viel kreativer. Ihre Fähigkeit im kreativen Zeichnen und Schreiben hingegen ändern Sie nicht so schnell.

Mehrfach hat man mit dem CAT Gruppen von Versuchspersonen Aufgaben in verschiedenen Domänen gestellt – etwa Kollage, Gedicht und Gleichung. Wenn man dann die Kreativitätseinschätzungen für jedes Erzeugnis über die Probanden miteinander korreliert, dann ist das Ergebnis fast immer: null. Es gibt kaum je einen signifikanten Zusammenhang, und wo doch einmal, da ist er so schwach, dass er fast nichts erklärt.[9] Dass es trotzdem Künstler gibt, die auf verschiedenen Gebieten erfolgreich waren, erklärt der Kreativitätsforscher John Baer mit einfacher Statistik: Nehmen wir einmal an, Kreativität in jeder Domäne sei normalverteilt (das heißt: Nur wenige sind sehr kreativ, die meisten zeigen nur dann und wann eine kreative Leistung, und wenige sind überhaupt nicht kreativ). Dann ist zu erwarten, dass gelegentlich zwei Hochbegabungen in einer Person zusammentreffen. Vereinfacht gesagt: Wenn einer von zehn Menschen zeichnerisch begabt ist, und einer von zehnen dichterisch, dann wird immerhin einer von hundert sowohl zeichnerisch als auch dichterisch begabt sein. Rein zufällig, ohne dass wir dafür das Konzept „künstlerische Begabung in Wort und Bild" anzunehmen bräuchten.

Sind Kreativitäten also domänenspezifisch, und ist die Suche nach „der" Kreativität im Gehirn mithin von vorneherein zum Scheitern verurteilt? Ausgerechnet John Baer, der so hingebungsvoll die Domänenspezifität verficht, schlägt einen Kompromiss vor: Demnach gibt es durchaus allgemeine Eigenschaften, die für Kreativität auf jedem Feld nötig sind. Da ich den Ermittlungen hier nicht vorgreifen will, verweise ich diesbezüglich auf die Erkenntnisse, die morgen im nächsten Kapitel auf uns warten. Darauf aufbauend gebe es eine Hierarchie immer weiter spezialisierter kreativer Fähigkeiten: sieben Domänen von geschäftlicher, verbaler, künstlerischer, wissenschaftlicher usw. Kreativität, die sich wiederum in Unterdomänen untergliedern lassen. Es gäbe demnach eine allgemeine Kreativitätsbegabung, aber jeder kreative Mensch brächte noch spezialisierte Talente mit – eines oder mehrere –, in die sich diese Schöpferlust kanalisierte: Talente wie beispielsweise das absolute Gehör oder eine gute Hand-Auge-Koordination oder einen systemischen Blick für räumliche Strukturen. Keines davon ist an sich kreativ (das absolute Gehör hat auch ein Klavierstimmgerät, und ein Chirurg hat eine ruhige Hand), sie vereinfachen es aber bei vorhandener Kreativität enorm, Musiker, Zeichner oder Gartengestalter zu werden.

Wenn das so ist, dann kann es durchaus sinnvoll sein, in der Persönlichkeit – und somit im Träger der Persönlichkeit, im Gehirn – nach den Eigenschaften zu suchen, welche diese allgemeine Kreativitätsbegabung hervorbringen. Skeptisch sollten wir hingegen sein, wenn wir anfangen, im Gehirn nach dem genauen Ort zu forschen, der divergentes Denken oder

Einsichten hervorbringt. Versuchen werden wir das natürlich trotzdem. Der CAT hat nämlich den großen Nachteil, sich nur sehr schlecht für bildgebende Studien zu eignen: Wenn man Probanden in eine Magnetresonanztomografen schiebt, kann man ihrem Gehirn dabei zusehen, wie es Verwendungen für Ziegelsteine ausdenkt oder Rätsel löst. Wenn man hingegen dabei zuschaut, wie jemand langwierig ein Gedicht verfertigt, von dem man noch nicht einmal weiß, ob es gut wird, dann ergeben sich daraus keine brauchbaren Daten.

Eine kurze Führung durch das Gehirn

Gut. Nun wissen wir, was wir suchen. Aber wir wissen, streng genommen, noch nicht, wo wir das alles suchen sollen. Wie schon Sherlock Holmes wusste, ist es für einen Detektiv von Nutzen, sein Terrain bestens zu kennen. Wir tun also gut daran, uns, bevor wir auf die Jagd nach der Kreativität gehen, mit dem Gehirn vertraut zu machen.

Das menschliche Gehirn – wie das Gehirn aller Wirbeltiere – besteht aus zwei großen Typen von Zellen. Den größeren Anteil machen die sogenannten Gliazellen aus. Das Wort „Glia" kommt vom altgriechischen Wort für „kleben" und zeigt, welche öde Rolle man diesen Zellen jahrzehntelang zuerkannt hatte: Die andere Zellsorte, nämlich die Nervenzellen, zusammenzuhalten, zu stützen und zu ernähren. Längst weiß man, dass das nicht alles ist. Gliazellen beschleunigen nicht nur die Signalleitung von Nervenzellen enorm, sie sind auch beteiligt, wenn Nervenzellen Signale austauschen, und beeinflussen damit die Arbeit und auch die Lernfähigkeit der Nervenzellen.

Trotzdem wollen wir uns auf die Nervenzellen (oder Neuronen) konzentrieren (Abb. 3). Sie sind es, die einkommende Signale bündeln, gegebenenfalls in ein eigenes Signal umsetzen, und dieses über teils große Distanzen an andere Neuronen weitergeben. Sie bilden über ihre Verbindungen das dichte und ungeheuer komplexe Netzwerk, das unsere Wahrnehmungen repräsentiert und Handlungen hervorbringt.

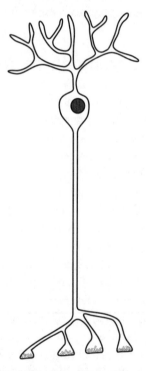

Abb. 3   Schema eines Neurons. Am Zellkörper mit dem Kern (schwarz) befinden sich oben die Dendriten. Unten geht ein Axon ab, das sich in präsynaptische Endknöpfchen verzweigt

Es gibt sehr viele Sorten von Nervenzellen. Im Prinzip aber haben sie alle denselben Aufbau: In der Mitte sitzt der Zellkörper, in dem sich der Zellkern mit den Chromosomen und ein großer Teil der Zellmaschinerie befinden, durch welche die Lebensfunktionen der Zelle aufrechterhalten werden. Nach der einen Richtung gehen vom Zellkörper die Dendriten ab. Das Wort ist vom altgriechischen Wort für Baum abgeleitet und trifft damit sehr gut ihr Aussehen: Die Dendriten bilden einen verzweigten Busch, der im Zellkörper entspringt. Zur anderen Richtung verlässt das Axon den Zellkörper. Es ist nach einer anfänglichen Verdickung, dem Axonhügel, dünner als die Dendriten und meist viel länger. In extremen Fällen, wie bei denjenigen Neuronen sehr großer Tiere (Giraffen, Wale), welche die Bewegungssignale von der Hirnrinde ins Rückenmark schicken, können die Axonen mehrere Meter lang sein. Unterwegs und am Ende verzweigen sich auch Axonen, ehe sie in Endknöpfchen (Präsynapsen) enden.

Vorwiegend an den Dendriten sammeln Neuronen die Signale auf, die in chemischer Form von anderen Nervenzellen kommen. Diese Signale verursachen eine elektrische Änderung an der Membran – der umgebenden Hülle – der Zelle. Sie können hemmend oder erregend sein. Während sie zum Zellkörper wandern, addieren sie sich auf. Übersteigt die Summe eine gewisse Schwelle, dann wird am Axonhügel ein neues elektrisches Signal, ein Aktionspotenzial, ausgebildet. Es saust das Axon entlang und gelangt in die Endknöpfchen. Dort führt die elektrische Änderung dazu, dass winzige Bläschen voller chemischer Botenstoffe (Transmitter) mit der Zellmembran verschmelzen und ihren Inhalt nach draußen ergießen. Diese Botenstoffe finden wiederum an der nachgeschalteten Zelle (meist dem Dendriten) passende Rezeptoren und lösen eine elektrische Veränderung aus, und das Geschehen beginnt von vorne. Und da es im menschlichen Gehirn an 100 Milliarden Nervenzellen gleichzeitig abläuft, von denen jede im Durchschnitt mit 1000 anderen verbunden ist, entsteht ein Flimmern und Knattern und Palavern von unvorstellbarer Komplexität.

Zu dieser Komplexität trägt noch bei, dass Nervenzellen eine ganze Reihe unterschiedlicher Botenstoffe nutzen können (von denen jeder noch auf unterschiedliche Rezeptoren treffen kann, aber darum soll es hier nicht gehen). Einigen davon werden wir bei unseren Recherchen begegnen. Der wichtigste erregende Botenstoff ist Glutamat; über 80 % der Zellen in der Hirnrinde benutzen ihn. Die restlichen Zellen in der Hirnrinde, und etliche in tieferen Stockwerken des Gehirns, verwenden den hemmenden Botenstoff GABA. Außerdem gibt es im ganzen Gehirn Axone, die von wenigen, kleinen Gebieten tief unten im Hirnstamm entspringen. Ihre Transmitter bezeichnet man auch als Neuromodulatoren, weil sie zu gießkannenartig und langsam ausgeschüttet werden, um präzise Informationen zu vermitteln. Diese Neuromodulatoren sind Dopamin, Serotonin, Noradrenalin und Acetylcholin. Wir werden später noch genauer auf sie eingehen.

Nun kennen wir die Bausteine des Gehirns. Wie sind sie zusammengesetzt?

Das Gehirn der Wirbeltiere lässt sich von hinten nach vorn in fünf Abschnitte einteilen (Abb. 4). Oberhalb des Rückenmarks kommt zunächst das Markhirn oder Nachhirn. Man könnte sagen, dass es der wichtigste Teil des Gehirns ist, denn hier befinden sich die Neuronen, die Atmung und Kreislauf

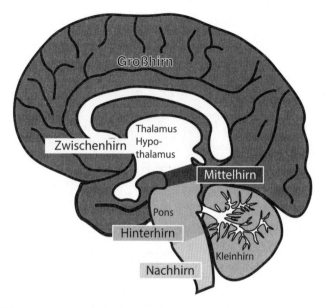

Abb. 4   Die Hauptabschnitte des menschlichen Gehirns, gesehen von der Mittellinie

und lebenserhaltende Reflexe kontrollieren. Nur: Denken kann das Markhirn nicht, und daher werden wir ihm nicht wieder begegnen.

Dasselbe gilt für den nächstfolgenden Abschnitt, das Hinterhirn. Es fällt auf durch die dicke Auswölbung nach vorne, den Pons (Brücke), und das fein gefaltete Kleinhirn, das hinten aufsitzt. Das Kleinhirn sorgt dafür, dass unsere Bewegungen fließend sind und unsere Körperhaltung stabil; es enthält viermal so viele Nervenzellen wie die gesamte Großhirnrinde. Für kreative Lösungen aber ist es nicht bekannt. – Immerhin sitzen im Hinterhirn die Zellkörper der Neuronen, die Noradrenalin im ganzen Gehirn ausschütten.

Als Nächstes setzt vorne das Mittelhirn an. Es ist nur klein, eingequetscht zwischen Hinterhirn und Zwischenhirn, bringt auf dem kleinen Raum aber viele wichtige Strukturen unter. Unter anderem liegen hier die Neuronengruppen, die den Neuromodulator Dopamin in bestimmten Teilen des Gehirns ausschütten. Die langgestreckten Raphe-Kerngebiete, in denen die Serotonin-ausschüttenden Nervenzellen liegen, laufen an dieser Stelle ebenfalls durch.

Noch weiter oben: das Zwischenhirn. Es besteht eigentlich nur aus zwei Klöpsen auf jeder Seite: dem eiförmigen Thalamus und dem daran hängenden Hypothalamus. Der Thalamus wird auch als „Tor zum Bewusstsein" bezeichnet, weil – außer dem Riechen – alle Sinneseindrücke, von den jeweiligen Sinnesorganen kommend, hier umgeschaltet werden. Der Hypothalamus erhält das innere Milieu Ihres Körpers: Er sorgt dafür, dass sich alle wichtigen Regelgrößen stets im grünen Bereich befinden – Körpertemperatur, Energieversorgung, Flüssigkeitsbedarf, Blutdruck, Schlafbedürfnis.

Das Zwischenhirn schließlich wird überwölbt von den beiden großen, vielfach aufgefalteten Hälften des Großhirns (Abb. 5). Diese Faltung dient dazu, die Oberfläche zu vergrößern, damit möglichst viel Großhirnrinde in den Schädel passt. Denn in der Rinde des Großhirns, der sogenannten grauen Substanz, sitzen die Nervenzellen. Unterhalb der nur ca. 2 mm dünnen Hirnrinde liegt die weiße Substanz, in der die Verbindungen zwischen den Nervenzellen verlaufen. Außerdem sind verschiedene Kerngebiete in die weiße Substanz eingebettet, vor allem die Basalganglien. Sie spielen eine Rolle für die Auswahl und Steuerung von Bewegungen, für motorisches Lernen, einige auch für emotionale Bewertungen.

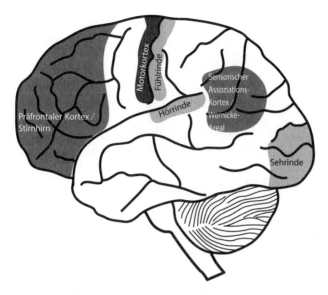

Abb. 5 Menschliches Gehirn von der linken Seite. Die primären Sinnesfelder sind hellgrau, die primäre Bewegungsrinde (Motorcortex) dunkelgrau markiert. Mittelgrau sind die assoziativen Gebiete gekennzeichnet: In der sensorischen Cortexhälfte der parietale Assoziationscortex, zu dem auch das semantische Sprachfeld (Wernicke-Areal) gehört, in der vorderen, motorischen Cortexhälfte das Stirnhirn (präfrontaler Cortex)

Durch die Furchung lässt sich die Großhirnrinde in grobe Abschnitte einteilen: Eine Grenze bildet die zentrale Furche, die Sie auf jedem Bild eines menschlichen Gehirns leicht in der Mitte, senkrecht verlaufend, erkennen können. Davor liegt der Stirnlappen, dahinter der Scheitellappen. Darunter ragen zwei Widderhörner nach vorne: die Schläfenlappen. Weniger klar abgegrenzt ist das hintere Ende des Gehirns: der Hinterhauptslappen. Das alles gibt es zweimal, weil es ja zwei Gehirnhälften gibt. Sie haben leicht unterschiedliche Funktionen, sind aber über den sogenannten Balken eng verbunden.

Die Großhirnrinde sieht auf der ganzen Fläche ziemlich gleich aus; tatsächlich aber sind Funktionen darauf klar verteilt. Die komplette hintere Hälfte – hinter der zentralen Furche – ist der Sinnesverarbeitung gewidmet. Die Signale von der Körperoberfläche treffen hier ein (gleich hinter der Furche), die von den Ohren (gleich unter der Furche, oben auf dem Schläfenlappen) und von den Augen (hinten am Hinterhauptslappen). Zwischen diesen primären Sinnesfeldern erstrecken sich die weiten Felder des Assoziationscortex: also die Gebiete, die nicht unmittelbar Sinnesdaten verarbeiten, sondern diese zu Repräsentationen von Menschen, Gegenständen, Umwelten kombinieren und dem Denken zur Verfügung stellen. Auch die semantische Sprachrinde liegt hier, also das Gehirngebiet, das Wortbedeutungen zuordnet.

Die komplette vordere Hälfte, also der Stirnlappen, dient der motorischen Verarbeitung im weiten Sinne. Gleich vor der zentralen Furche liegt der Motorcortex, der unmittelbar Bewegungen auslöst, indem er (wie oben schon erwähnt) Axonen ins Rückenmark entsendet. Je weiter wir von dort nach vorne gehen, desto abstrakter werden die Bewegungen, mit denen sich die Gebiete befassen: Von der Kontrolle einzelner Muskeln im Motorcortex geht es über die Darstellung von Bewegungselementen und die Repräsentation von ganzen Bewegungseinheiten (bzw. syntaktischen Sprach-„Bewegungen" im Broca-Areal, der motorischen Sprachrinde) bis hin zu vollständigen Handlungsentwürfen. Und damit überschreiten wir die Schwelle zum präfrontalen Cortex, dem vordersten und höchsten Gebiet des Stirnhirns.

Hier werden Handlungsoptionen abgewogen, langfristige Strategien geplant, moralische Belange in Erwägung gezogen, Erwartungen und Erfahrungen berücksichtigt.

Darum ist der präfrontale Cortex auch ein großer Unterdrücker. Um zu gewährleisten, dass Handlungen in einem sehr weiten zeitlichen, räumlichen, moralischen und probabilistischen Bezugsrahmen sinnvoll sind, muss er häufig spontane Impulse unterbinden. Wenn wir zum Beispiel eine Angst (etwa Höhenangst oder Spinnenangst) verlernen, dann verschwindet durchaus nicht die Verschaltung dieser Angst im Gehirn. Sie wird nicht vergessen, nicht gelöscht. Sondern die Ausführung der Angstreaktion wird vom präfrontalen Cortex gehemmt, indem seine langen Verbindungen in das Angstzentrum des Gehirns, den Mandelkern (Amygdala) im vorderen Schläfenlappen, dort hemmende Neuronen anregen. Ähnliches geschieht an anderer Stelle, wenn Sie etwa fasten und Ihren Drang nach einem saftigen Steak oder einem Absacker unterdrücken. Oder wenn Sie Ihre Wut bezähmen. Häufig ermöglicht der präfrontale Cortex das eine, indem er das andere hemmt.

Damit kennen wir nun im Groben und Ganzen den Stadtplan des Gehirns. Wie es sich bei einer Fahndung gehört, können Sie ihn an die Wand hängen und Fähnchen hineinpiksen, um die Tatorte zu bezeichnen. Der Missetäter, so steht zu hoffen, kann Ihnen also nicht entwischen. Wenn Sie alles gründlich durchstöbern und die Spuren klug lesen, werden Sie die Kreativität dingfest machen.

Doch gelingt das nicht von heute auf morgen. Sie werden Commissario Prefrontale voraussichtlich einige Tage lang bei seinen Ermittlungen begleiten müssen. An jedem Tag – und das heißt, in jedem Kapitel – werden Sie neue Spuren finden und einer Lösung näher kommen.

Ehe Sie sich am Abend dieses ersten Tages zur Ruhe legen, lassen Sie sich noch einmal durch den Kopf gehen, was Sie heute gelernt haben: dass Kreativität, wissenschaftlich betrachtet, die Eigenschaft von Produkten (nicht Menschen) bezeichnet, neu und zugleich angemessen zu sein. Um Versuchspersonen solche kreativen Produkte hervorbringen zu lassen, hat man drei Strategien zur Wahl: Man kann sie erstens zum divergenten Denken anregen, indem man sie bittet, zu vorgegeben Reizen möglichst viele Ideen zu entwickeln – seien es Verwendungen für einen Ziegelstein oder Zeichnungen aus einer gegebenen Linie. Zweitens kann man ihnen Rätsel stellen, bei denen nur eine Lösung richtig ist – Rätsel, die man nicht durch logisches, schrittweises Denken lösen kann, sondern nur durch spontane Assoziation. Und drittens kann man die Probanden bitten, kleine Kunstwerke zu erschaffen, und dann deren Qualität von Experten beurteilen lassen. Jede dieser Methoden hat Vorteile; jede misst sicherlich auf ihre Weise „Kreativität". Es kann nur sein, dass sie nicht alle dasselbe messen.

Obgleich Kreativität am Produkt gemessen wird, wird doch stets vom Erzeugnis auf den Erzeuger geschlossen – und zwar in der Wissenschaft ebenso wie im Alltag. Wer sich viele kreative Lösungen ausdenken kann, gilt selbst als kreativ. Inwiefern diese Fähigkeit mit anderen Persönlichkeitseigenschaften zusammenhängt, werden Sie in den nächsten beiden Tagen ergründen. Heute schon haben Sie erfahren, dass es eine offene Debatte darüber gibt, ob Kreativität als Persönlichkeitsmerkmal von ihrem Ausdruck in verschiedenen Domänen unabhängig ist oder ob sie sich immer spezifisch in einer Domäne ausbildet. Sie sind vielleicht – wie ich – zu der Ansicht gekommen, dass Kreativität etwas anderes ist als

Talent. Ein Talent ist ein unentwirrbares Gemisch aus spezifischer Veranlagung und sehr, sehr vielem Üben (10.000-Stunden-Regel). Ein Talent bezieht sich auf eine besondere Domäne (Schreiben, Malen, Tanzen, Formen, ...), und es ist selten, dass ein Mensch mehrere hat. Kreativität dagegen ist etwas Allgemeines, etwas, das sich ein Talent sucht, um sich dadurch auszudrücken.

Schauen wir also morgen im nächsten Kapitel, was dieses „Allgemeine" ist. Wir werden Licht in die Sache bringen.

****

Anmerkungen

1 Z. B. Herrmann, E., Call, J., Hernàndez-Lloreda, M.V., Hare, B. & Tomasello, M. (2007) Humans have evolved specialized skills of social cognition: the cultural intelligence hypothesis. Science 317: 1360–1366. Review in: Tomasello, M. & Vaish, A. (2013), Origins of human cooperation and morality. Annu. Rev. Psychol. 64: 231–255.

2 Epstein, R., Kirshnit, C.E., Lanza, R.P. & Rubin, L.C. (1984) ‚Insight' in the pigeon: antecedents and determinants of an intelligent performance. Nature 308: 61–62.

3 Ich fuhr im Zug von London nach Manchester und saß nur da, dachte an überhaupt nichts, was mit Schreiben zu tun hatte. Da kam die Idee aus dem Nichts. Ich konnte Harry ganz klar sehen. Diesen dürren kleinen Jungen. Und es war ein ganz körperliches Hochgefühl. Ich habe mich noch nie so erregt gefühlt über irgendetwas, was

mit Schreiben zu tun hat. Nie hatte ich so eine körperliche Reaktion. Also, ich wühle in meiner Tasche um irgendwas zum Schreiben zu finden. Ich hatte nicht mal einen Eyeliner. Also war ich gezwungen, dazusitzen und zu denken. Ähm, vier Stunden lang, denn der Zug hatte Verspätung. Und all diese Ideen sprudelten durch meinen Kopf. [...] Ich kann diese Erregung niemandem beschreiben, der nicht selbst Bücher schreibt, außer indem ich sage, dass es das unglaublich beschwingte Gefühl ist, das man hat, wenn man gerade jemanden getroffen hat, in den man sich verlieben könnte. So etwas war da passiert. Als hätte ich gerade jemand Wundervollen getroffen, und wir wären drauf und dran, uns auf eine wundervolle Affäre einzulassen. Diese Art von Beschwingtheit, diese Art von Benommenheit, diese Erregung.

4 http://www.harrypotterspage.com/the-magic-makers/j-k-rowling/jk-rowling-harry-me/

5 Wallas, G. (1926) The art of thought. New York: Harcourt, Brace & Co.

6 Locher, P.J. (2010) How does a visual artist create an artwork? In: Kaufman, J.C. & Sternberg, R.J. (Hrsg.) The Cambridge handbook of creativity. Cambridge University Press, S. 131–144.

7 Bowden, E.M. & Jung-Beeman, M. (2003) Normative data for 144 compound remote association problems. Behav. Res. Methods Instrum. Comput. 35: 634–639. – band, pin, bank, girl

8 Cassandro, V.J. (1998) Explaining premature mortality across fields of creative endeavor. J. Personal. 66: 805-833.

9 Bear, J. (2010) Is creativity domain-specific? In: Kaufman, J.C. & Sternberg, R.J., a.a.O., S. 321–341.

Der zweite Tag:
Die kreative Persönlichkeit

„Ah, da sind Sie ja, my dear Watson", begrüßt Prefrontale Sie am nächsten Morgen im Präsidium, als Sie im durchnässten Regenmantel an seiner offenen Tür vorbeigehen.

„Ich heiße, ..." setzen Sie an, aber Prefrontale spricht schon weiter: „Haben Sie gestern noch die Stadtverwaltung erreicht?"

Sie verneinen und halten den Regenmantel, aus dem Sie sich derweil geschält haben, am langen Arm von sich. Erst jetzt sieht Prefrontale Sie richtig an. Er grient, während er den Blick zu Ihren vollgesogenen Schuhen sinken lässt.

„Fürchterlich, nicht wahr? Wasser oben, Wasser unten. Alles fließt. Wo ist etwas, woran wir uns festhalten können? – Aber legen Sie erst einmal Ihre kleidsame Gießkanne ab, dann besprechen wir das weitere Vorgehen."

© Springer-Verlag GmbH Deutschland 2018
K. Lehmann, *Das schöpferische Gehirn*,
https://doi.org/10.1007/978-3-662-54662-8_2

Nachdem Sie in Ihrem benachbarten Büro den Mantel aufgehängt und die Schuhe gegen Pantoffeln vertauscht haben, begeben Sie sich wieder zu Prefrontale. Der Commissario sitzt im Sessel zurückgelehnt, hat die Hände über dem bräunlichen Pullover gefaltet und schaut Sie erwartungsvoll an.

„Setzen Sie sich, my dear Watson. Wir haben nicht viel, womit wir arbeiten können. Wie Sie wissen, hat die Spurensicherung nichts gefunden. Kein Wunder. Alles weggespült. Auch keine Zeugen, nachts, nach dem Wochenende, bei dem Wetter. Was wir haben, ist nur das Ergebnis."

„Das ist nicht viel", räumen Sie ein. „Aber andererseits immerhin ein ganzer Garten. Könnte man nicht ..."

„Genau", unterbricht Sie Prefrontale. „Das Produkt sollte uns doch Aufschluss geben können über den Täter. So gesehen haben wir nicht keine Spuren, sondern eine ganze Wiese voll." „Man muss sie nur lesen können."

„Richtig. Gehen Sie zu unserem Psychologen und lassen ihn arbeiten? Es muss doch möglich sein, ein brauchbares Täterprofil zu erstellen, mit dem wir an die Datenbanken gehen können. Kann so schwer ja nicht sein, die Irren von den Normalen zu trennen. Spreu vom Weizen und so."

„Fragt sich nur, wer Spreu und wer Weizen ist", murmeln Sie halblaut. Aber Prefrontale hat Sie, wie das seine Art ist, schon überhört und sich einer anderen Arbeit zugewandt. Also machen Sie sich auf den Weg zum Büro des Polizeipsychologen.

****

Kreativität wird oft als menschliche Eigenschaft betrachtet. Menschen, die bedeutsames Neues hervorgebracht haben – nennen wir nur Michelangelo, Bach, Einstein als typische

Beispiele –, bezeichnen wir als kreative Persönlichkeiten. Sie hatten etwas, scheint es, das den meisten von uns fehlt. Wir nehmen Kreativität als Eigenschaft und Kennzeichen bestimmter Personengruppen wahr. Dies kommt auch darin zum Ausdruck, dass ein ganzes berufliches Milieu heutzutage unter dem Etikett „die Kreativen" firmiert. Es scheint daher naheliegend zu sein, das Geheimnis des kreativen Gehirns dadurch zu ergründen, dass man es mit dem unkreativen Gehirn vergleicht.

Folglich ist dieser Ansatz fast so alt wie das wissenschaftliche Interesse am Gehirn. Im 19. und frühen 20. Jahrhundert wurden die Gehirne von Geistesgrößen nach ihrem Tode herauspräpariert, konserviert und untersucht. Einsteins Gehirn liegt seither in Formalin, Lenins auch. Und wenn die Gehirne nicht verfügbar waren, dann behalf man sich mit den Schädeln. Hatte Franz Gall doch gelehrt, ausgeprägte geistige Eigenschaften gingen auf das außerordentliche Wachstum derjenigen Gehirngebiete zurück, in denen sie ihren Sitz hätten, und das würde den Schädel von innen ausbuchten. Deshalb könne man am Schädel die Eigenschaften eines Menschen ablesen. Diese Lehre war vor 200 Jahren so populär, dass Goethe über Schillers Schädel dichtete und Joseph Carl Rosenbaum, der Sekretär des Fürsten Esterhazy, den Totengräber bestach, um den Kopf Haydns an sich zu bringen. Rosenbaum war ein Anhänger von Galls Schädellehre, der Phrenologie, und wollte das Geheimnis von Haydns Musikalität ergründen.[1] Nach einer bemerkenswerten Odyssee gelangte der Schädel erst 145 Jahre nach Haydns Tod zum restlichen Skelett zurück.

Gall selbst hat übrigens kein „Gehirnorgan" bzw. Schädelareal für Kreativität definiert (Abb. 1) – vielleicht, weil der Geniekult zu seiner Zeit gerade erst aufkam und viele Künstler

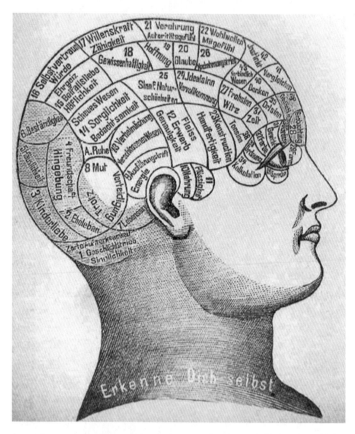

Abb. 1 Wie viel Arbeit bliebe uns erspart, hätten die Phrenologen hier auch das Gebiet für Kreativität markiert. Aber vielleicht waren sie auch, wie wir sehen werden, ihrer Zeit voraus, indem sie meinten, Kreativität setze sich aus Komponenten zusammen: „24 – Idealsinn", „12 – Fleiß" und „23 – Handfertigkeit"

eher als Handwerker gesehen wurden. Sein amerikanischer
Schüler Fowler übernahm das später für ihn. Da Gall natürlich sein eigenes Gehirn auch der Wissenschaft zur Verfügung
stellte, wissen wir – er selbst wusste es glücklicherweise nicht –,
dass es von allen Gehirnen berühmter Leute, deren Maße wir
kennen,[2] das leichteste war. Es kommt auf nur knapp 1200 g.
Was hätte er wohl daraus geschlossen?

Aber lassen wir den armen Franz Gall in Ruhe. Er wird
heute durchaus auch anerkannt als Vorreiter der Lokali-
sationstheorie – also der Annahme, dass Leistungen des
Gehirns nicht vom Gesamtorgan vollbracht werden, sondern
auf unterschiedliche Module verteilt sind. Zwar gibt es keine
Cortexareale für „Verheimlichung", „Sinn für Naturschön-
heiten" oder „Häuslichkeit", wie die Phrenologen meinten.
Und gerade an komplexen kognitiven Funktionen sind
immer auf verschiedene Regionen verteilte Netzwerke von
Neuronen beteiligt. Aber es gibt durchaus Funktionen –
wie die primären Sinneswahrnehmungen, die syntaktische
und die semantische Sprachverarbeitung, subkortikal auch
Furcht, Verlangen, Genuss –, die sich eindeutig streng umris-
senen Gehirngebieten zuordnen lassen. Bei anderen – und
dazu gehören auch die höheren kognitiven Leistungen wie
Planen, Urteilen, Täuschen – sind Areale wie in diesem Fall
der präfrontale Cortex zumindest führend.

Es könnte also durchaus sinnvoll sein, sich kreative Menschen und deren Gehirne anzusehen und zu vergleichen,
was sie gemeinsam haben und was sie von weniger kreativen
Menschen und deren Gehirnen unterscheidet. Diesen Ansatz
verfolgten schon jene, die Einsteins Denkorgan zerschnitten,

und er wird bis heute weiterverfolgt – auch wenn die Forscher das Schneiden heute virtuell per Magnetresonanz erledigen.

Intelligenz + X? oder kreative Denkstile

Wenn wir Menschen vergleichen, führt der Weg ins Gehirn über die Psychologie. Wir müssen zunächst die Eigenschaften kreativer Menschen kennen, ehe wir nach ihrer neuronalen Basis suchen.

Da ist zunächst: Intelligenz. Intelligenz ist eine Grundvoraussetzung für Kreativität und mit dieser so eng verbandelt, dass nicht wenige Forscher meinen, es handele sich in Wahrheit um dasselbe. Denn über einen sehr weiten Bereich hinweg korrelieren Intelligenz und Kreativität verlässlich miteinander. Doch jenseits einer gewissen Schwelle lösen sich die beiden voneinander. Diese Grenze liegt nach verschiedenen Studien bei einem IQ von 115 bis 120. Jenseits davon kann man mithilfe der Intelligenz die Kreativität nicht mehr vorhersagen. Dieser Befund firmiert als sogenannte „Schwellentheorie der Kreativität".

Diese Theorie – wenn man den einfachen Zusammenhang mit diesem großen Wort adeln will – ist auch neurobiologisch gestützt worden. Eine Arbeitsgruppe um Rex Jung und Ronald Yeo in Albuquerque unterzog 56 Probanden sowohl einem Intelligenztest als auch mehreren Tests auf divergentes Denken.[3] Anschließend kamen sie in die Röhre, und es wurde durch eine Magnetresonanzspektroskopie im vorderen und hinteren cingulären Gyrus beider Hemisphären – also in der Gehirnwindung gleich über dem Balken – der Gehalt an N-Acetylaspartat (NAA) gemessen. Dieser Stoff kommt im

Gehirn ausgesprochen häufig vor und erfüllt allerlei Funktionen, teils für den Stoffwechsel, teils zu noch unklaren Zwecken. Da sein Gehalt nach Gehirnschädigungen sinkt, gilt NAA als guter Marker für die neuronale Integrität, also dafür, inwieweit die Neuronen und ihre Verknüpfungen intakt und funktionsfähig sind.

Die Studie bestätigte die Korrelation von Intelligenz – und zwar v. a. verbaler Intelligenz – und Kreativität bis zu einem IQ von 120. Daher teilten die Forscher ihre Probanden für die biochemische Analyse in zwei Gruppen auf – die mit einem verbalen IQ unter 116 und die mit höherem IQ. Überraschenderweise unterschied sich der Zusammenhang zwischen Kreativität und Gehirn zwischen den beiden Gruppen: Bei den Normalintelligenten war der NAA-Gehalt im *rechten* vorderen cingulären Cortex umso *niedriger*, je kreativer sie waren. Bei den Hochintelligenten dagegen war der Gehalt im *linken* vorderen cingulären Gyrus umso *höher*, je kreativer sie waren.

Nun sind die Korrelationen, welche die Forscher präsentieren, nicht umwerfend hoch. Und sie begründen mit keinem Wort, warum sie gerade im cingulären Cortex geschaut haben und nirgendwo sonst im Gehirn. Und was NAA nun konkret im Gehirn leistet, wissen sie auch nicht zu sagen. Kurz: Die Studie leistet nur einen überschaubaren Beitrag dazu, den Zusammenhang von Gehirn und Kreativität zu verstehen. Aber sie stellt die Schwellentheorie auf – wenngleich noch etwas zittrige – neurobiologische Beine.

Wenn wir einen kurzen Blick darauf werfen, welche Bereiche und Funktionen des Gehirns Intelligenz hervorbringen, dann ist es demnach nicht verwunderlich, auf Tatverdächtige zu stoßen, denen wir wiederbegegnen werden, wenn es um die neuronalen Grundlagen der Kreativität geht. Wenn man den IQ bei einer Handvoll Probanden misst und dann die Aktivität, gemessen als Blutfluss, im Gehirn mit Magnetresonanztomographie ermittelt, dann findet man eine Korrelation: Sowohl in der grauen Substanz, also Sherlock Holmes' sprichwörtlichen „kleinen grauen Zellen" – will sagen: der äußersten Rindenschicht –, wo die Nervenzellen sitzen, als auch in der weißen Substanz, also den Faserverbindungen zwischen den Gehirngebieten, ist der Blutfluss umso höher, je intelligenter der Proband ist.[4] Kurz: Intelligente Menschen benutzen ihr Gehirn. Sieh einer an. Der Blutfluss in der weißen, aber nicht der grauen Substanz korreliert darüber hinaus auch mit der Kreativität. Das passt verführerisch zu der Idee – und wir kommen darauf zurück –, dass Kreativität auf der Fähigkeit beruht, rasch verschiedene Gedanken miteinander zu verbinden.

Ein weiterer Verdächtiger ist der präfrontale Cortex. Dies ist derjenige Teil der Großhirnrinde, der beim Menschen über den Augen sitzt; er wird dementsprechend auch „Stirnhirn" genannt. Gerne wird er als „höchstes Assoziationsgebiet" bezeichnet, als „Befehlszentrale des Gehirns". Der präfrontale Cortex plant Handlungen. Dabei berücksichtigt er nicht nur die gegenwärtige Lage, sondern auch langfristige Pläne, die absehbaren Folgen der Handlung, die sozialen Regeln und nicht zuletzt das Bauchgefühl. Er ist so etwas wie das fleischgewordene Über-Ich, unterdrückt störende Gefühlsreaktionen und Begierden und ermöglicht so vernunftgeleitetes Handeln. Beim Menschen ist er, anteilig am Gesamtgehirn, größer als bei allen anderen Tieren und lässt sich in zahlreiche Unterregionen mit Spezialaufgaben untergliedern.

Es überrascht nach dieser Aufgabenbeschreibung nicht, dass Teile des präfrontalen Cortex verstärkt aktiv sind, wenn Denkaufgaben zu lösen sind. Sie machen das allerdings nicht alleine – selten tut ein Gehirngebiet etwas ganz für sich –, sondern in einem Netzwerk, in welches v. a. auch der assoziative parietale Cortex eingebunden ist.[5] Das ist dasjenige Rindengebiet im hinteren Scheitellappen, in dem die Sinneseindrücke aller Modalitäten zusammenfließen – sozusagen das sensorische Gegenstück zum motorischen Stirnhirn. Aber mit dem IQ korreliert ist nur die (durch Aufgaben hervorgerufene) Aktivität im oberen, seitlichen präfrontalen Cortex. Und zwar in der linken Hemisphäre.

Wie gesagt: Auf diese Komponenten greift das Gehirn auch zurück, wenn es kreativ wird. Sie sind eine Grundlage der Kreativität, kennzeichnen sie aber nicht. Besonders kreative Menschen müssen also noch mehr charakteristische Eigenschaften haben.

Bei einem weithin anerkannten Modell der Persönlichkeitspsychologie werden fünf Eigenschaften unterschieden, deren Ausprägung einen Großteil der Persönlichkeitsunterschiede zwischen uns Menschen erklärt. Das sind die „Big Five":

- *Neurotizismus*: die Neigung, sehr emotional und unsicher zu reagieren. Jemand mit geringem Neurotizismus ist dementsprechend unerschütterlich und ruht in sich.
- *Gewissenhaftigkeit*: Hier ist die Bezeichnung verständlich. Die Skala reicht von den unzuverlässigen, leichtfertigen Chaoten bis zu den perfekt organisierten Verwaltern.
- *Verträglichkeit*: Auch dies ist klar. Da gibt es den egoistischen Wettkämpfer am einen Ende und den empathischen Menschenfreund am anderen.

- *Extraversion*: Meint etwa so viel wie Geselligkeit, vermischt mit Begeisterungsvermögen. Extravertierte Menschen blühen in Gesellschaft auf; introvertierte sind lieber allein und halten sich zurück.
- *Offenheit für Erfahrungen*: Neugier, rege Phantasie, die Bereitschaft, scheinbare Sicherheiten zu hinterfragen. Am anderen Skalenende rangiert der starre Dogmatiker.

Wollen Sie raten, welche dieser Persönlichkeitsfaktoren mit Kreativität zusammenhängen? Es ist nicht sehr schwer, nicht wahr? Die emotionale Stabilität, die Verlässlichkeit, der Altruismus ... sind es nicht. Große Werke vollbrachten der labile Chopin wie der selbstbewusste Liszt, der sprunghafte Leonardo wie der pflichtbewusste Michelangelo, der eigennützige Wagner wie der großherzige Verdi. Die Extraversion spielt eine gewisse Rolle, trotz der Distanz zwischen dem Eremiten Wittgenstein und dem Salonlöwen Wilde: Denn Extraversion hat mehrere Komponenten. Zum einen gilt als extravertiert, wer gesellig ist: Das hat mit Kreativität nichts zu tun. Zum anderen ist der Extravertierte aber auch zuversichtlich und durchsetzungsfähig, und diese Komponente herrscht bei kreativen Menschen vor.

Am ausgeprägtesten aber ist bei kreativen Persönlichkeiten die Offenheit für Erfahrungen. Konservative Mitläufer stellen beim schöpferischen Entdecken nicht gerade die Vorhut dar – das überrascht nicht, und wir werden darauf zurückkommen.

Wie jeder der „Big Five" hat die Offenheit für Erfahrungen viele Facetten. Einige davon erklären nicht viel. Dass kreative Menschen eine rege Phantasie haben und dass sie einfallsreich sind: Dies ist keine Erkenntnis, sondern eine Definition. Betonen wir also lieber die Neugier, die Respektlosigkeit gegenüber etablierten Wahrheiten. Sie vermag kreative Leistungen zu erklären, ohne tautologisch zu werden.

Nach der Intelligenz ist also die Offenheit eine zweite Eigenschaft, die Kreativität befeuert. Wissen wir etwas über ihre Verkörperung im Gehirn?

Die vielleicht gründlichste Untersuchung dieser Frage haben Wissenschaftler von den Universitäten Toronto und Harvard durchgeführt.[6] Bei ihren Probanden maßen sie nicht nur die Persönlichkeitsfaktoren nach zwei unterschiedlichen Tests und die Intelligenz in ihren Komponenten (kristalline und fluide Intelligenz), sondern auch, mit sieben verschiedenen Aufgaben, die Leistungsfähigkeit des dorsolateralen präfrontalen Cortex. Und siehe da: Die mit beiden Persönlichkeitstests ermittelte Offenheit korrelierte zuverlässig und selektiv mit der Kompetenz des präfrontalen Cortex – und auch in gewissem Maße mit der Intelligenz. Letzteres ist nicht neu und drückt sich auch darin aus, dass in manchen Untersuchungen der Faktor „Offenheit für Erfahrungen" auch geradeheraus als „Offenheit/Intellekt" geführt wird. Es ist der einzige Persönlichkeitsfaktor, der mit dem IQ korreliert: je intelligenter, desto offener (im Durchschnitt).

Darum überrascht es auch nicht, dass die neuronalen Substrate der beiden Eigenschaften überlappen: Der dorsolaterale präfrontale Cortex, der, wie oben gesehen, Intelligenzleistungen vermittelt, ist auch die Grundlage der Offenheit für neue Erfahrungen. In gewissem Maße ist beides dasselbe. Aber eben nur in gewissem Maße und nicht vollständig. Deshalb bringen die Forscher gute Argumente dafür vor, dass sich eine so komplexe Eigenschaft wie die Offenheit neuronal aus verschiedenen Quellen speist und dass das Dopaminsystem einen weiteren Hauptbeitrag leistet.

Was ist das Dopaminsystem? Hier brauchen wir mal wieder etwas Neuroanatomie (Abb. 2).

Als neuromodulatorische Bahnen werden Neuronenverbindungen zusammengefasst, die von eng umgrenzten Kerngebieten im Hirnstamm aus sich in das gesamte Gehirn ausfächern und die daher dessen Gesamtzustand beeinflussen: Schlafen und Wachen, Stimmungen, Aufnahmefähigkeit. Vier dieser Bahnen sind die mächtigsten, und jede von ihnen benutzt einen anderen Botenstoff:

- Das Serotoninsystem hat seine Zellkörper in den sogenannten Raphekernen mitten im Mittel- und Hinterhirn. Von dort verzweigen sich die abgehenden Leitungsbahnen – die Axonen – der Nervenzellen sehr dicht im gesamten Gehirn. Serotonin beeinflusst die Stimmung; mangelt es, so führt das je nach Wirkungsort zu Depression oder Aggressivität. In der Persönlichkeitspsychologie wird es spekulativ mit den „Stabilitätsfaktoren" Neurotizismus, Gewissenhaftigkeit und Verträglichkeit in Verbindung gebracht.
- Das Noradrenalinsystem entspringt Zellen im Locus caeruleus, dem „blauen Kern", der ebenfalls im Hinterhirn liegt, und durchädert ebenfalls das gesamte Gehirn. Seine Aktivität hat etwas mit Wachheit und Aufmerksamkeit zu tun.
- Das Dopaminsystem hat zwei nah beieinander liegende Ursprungskerne: die Substantia nigra (schwarze Substanz wegen ihres Melaningehalts) und die ventrale tegmentale

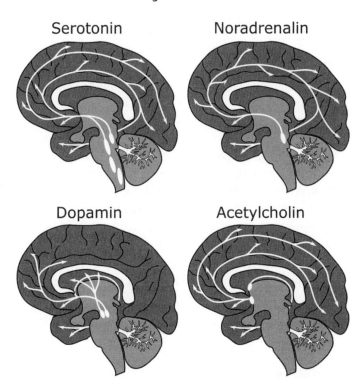

Abb. 2   Die Zellkörper der neuromodulatorischen Bahnen sitzen im Hirnstamm; ihre Axonen durchziehen fast das ganze Gehirn. Serotonin wird von den verschiedenen Raphekernen produziert, Noradrenalin vom Locus caeruleus. Dopamin aus der Substantia nigra (linkes Gebiet im Bild) zieht in die Basalganglien, jenes aus dem ventralen Tegmentum wird v. a. in den präfrontalen Cortex geschickt. Acetylcholin schließlich entstammt dem Meynert'schen Basalkern, wenn es die Großhirnrinde durchzieht, und dem medialen Septum, wenn es zum Hippocampus projiziert

Area (VTA). Zellen in der Substantia nigra entsenden ihre Axonen ausschließlich in Teile der Basalganglien, große Kernklumpen im Keller des Gehirns. Dort dient das Dopamin dazu, von der Hirnrinde entworfene Bewegungsideen auszusieben oder zu verstärken. Wir werden den Basalganglien später noch begegnen. Ebenfalls erst morgen beschäftigen wir uns näher mit den Fasern, welche von der VTA in den Nucleus accumbens ziehen, einen weiteren Teil der Basalganglien, wo sie Antrieb und Belohnungserwartung kodieren. Und schließlich gibt es die Axonen, welche die VTA in Richtung zum präfrontalen Cortex verlassen und seine Leistungsfähigkeit modulieren. Und zwar nur den präfrontalen Cortex: Anders als alle anderen Neuromodulatoren, die gießkannenartig die gesamte Hirnrinde berieseln, beschränkt sich das Dopamin streng auf diesen vorderen Teil des Großhirns.

Diese drei Botenstoffe sind alle chemisch miteinander verwandt. Es sind Amine, und man spricht daher auch von den aminergen Bahnen.

- Die Zellen, welche den Neuromodulator Acetylcholin herstellen, sitzen deutlich weiter vorne, teils im Nucleus basalis Meynert, teils im Septum. Das sind beides Teile des Vorderhirns, wenn auch ziemlich tief gelegene Teile. Die Fasern aus dem Septum laufen in den Hippocampus, jene aus dem Nucleus basalis in das gesamte Vorderhirn. Acetylcholin spielt eine enorme Rolle für Wachheit und Lernen. Von den vier Neuromodulatoren ist es der Einzige, der im Traumschlaf ausgeschüttet wird.

Dopamin also. Wir werden diesem Botenstoff noch des Öfteren und ausführlicher begegnen, schon gleich morgen. Hier soll der Hinweis genügen, dass die Dopaminausschüttung im präfrontalen Cortex die flexible Verarbeitung von Informationen unterstützt. Fließt es im Nucleus accumbens, dann verleiht es neuen Reizen Reiz. Es verknüpft damit in ganz verschiedenen Gehirngebieten gerade diejenigen Funktionen, aus denen sich die Offenheit für Neues ergibt.

Und noch etwas tut es: Es senkt die latente Inhibition. Was ist das nun wieder? Latente Inhibition ist eine Form des Lernens, die ständig abläuft und die kaum jemand bemerkt: zu lernen, was bedeutungslos ist. Unsere Umwelt ist übervoll mit Reizen und Informationen, aber das meiste davon ist – zum Glück – für uns völlig irrelevant. Das Gehirn merkt das. Und wenn ein Reiz längere Zeit anwesend war und zu nichts geführt hat, dann wird er ignoriert. Mit der messbaren Folge, dass es anschließend schwieriger ist, diesem Reiz eine Bedeutung zu verleihen, indem man ihn etwa mit einer Belohnung koppelt. Das nennt man latente Inhibition.

Dopamin senkt diese latente Inhibition. Reize – alle Reize! – werden bedeutungsvoller, sie werden weniger effizient unterdrückt. So ließe sich ein klassischer Befund an kreativen Denkern erklären: Sie richten ihre Aufmerksamkeit nicht nur auf das, was jetzt gerade wichtig ist, sondern auch auf Ablenkungen. Wenn man solche unterschiedlichen Aufmerksamkeitsstile systematisch untersucht, dann sind bei gleicher Intelligenz analytische Denker eher fokussiert, kreative hingegen eher abgelenkt.[7] Denn diese Ablenkung hat ja auch ihr Gutes: Setzt man Probanden vor eine Aufgabe und blendet am Rande des Gesichtsfeldes Hinweise zur Lösung ein, dann können Kreative diese nutzen. Spielt man auf die beiden Lautsprecher eines Kopfhörers verschiedene Texte, dann haben Kreative es zwar schwerer, sich auf den relevanten zu konzentrieren – aber sie erinnern sich anschließend besser an den irrelevanten.

Es versteht sich von selbst, dass so eine zerstreute Aufmerksamkeit nicht nur Vorteile hat. Die latente Inhibition ist ja mitnichten eine Fehlfunktion unseres Gehirns, sondern hilft uns im Gegenteil, irrelevante Informationen auszublenden und bei der Sache zu bleiben. Wenn alles gleich wichtig ist, hält nichts mehr das Denken in der Bahn, und es schwirrt herum wie eine nimmermüde Flipperkugel. Wird es nicht wieder eingefangen, dann kann sich ein krankhafter Zustand ergeben: eine Schizophrenie. Tatsächlich ist schon vor Jahrzehnten festgestellt worden, dass sich die Aufmerksamkeitsstile von Kreativen und von Schizophrenen ähneln.[8]

Wie wahnsinnig ist das Genie?

Genie und Wahnsinn. Das Klischee ist so abgedroschen, dass man sich ihm wissenschaftlich nur ungern und auf Umwegen nähert, um nachzusehen, ob sich noch Körner von Erkenntnis daraus klauben lassen.

Was das Klischee immer wieder aufschüttelt, sind die bekannten Genies, mit deren geistiger Gesundheit es nicht zum Besten stand:

Friedrich Hölderlin – auch wenn sich heute nicht mehr feststellen lässt, was er genau hatte, und vermutlich die unmenschliche „Behandlung", der man ihn unterzog, seinen Geist schlimmer zerrüttet hat als die Verrücktheit, die man damit heilen wollte. John Forbes Nash – der große Mathematiker, der mit etwa 30 Jahren an einer paranoiden Schizophrenie erkrankte, und dessen Schicksal durch Buch und Film „A beautiful mind" bekannt wurde. Dann Robert Schumann – dessen Wahnsinn zwar vermutlich eine Folge der Syphilis war, der aber schon davor an einer bipolaren Störung litt – ein Umstand, der uns noch beschäftigen wird. Friedrich Nietzsche – aber der zählt nicht, denn auch er war Opfer der Syphilis und vor deren Ausbruch ganz normal. Wer sich im Nietzsche-Haus in Naumburg die Schriftproben aus dem Verlauf der Krankheit ansieht – wie die ordentliche Sütterlinschrift des genialen Schriftstellers Schritt für Schritt zum Gekrakel eines Vorschulkindes degeneriert –, der sieht klar, dass er im Wahnsinn kein Genie mehr war.

Dazu noch Ravel mit seiner unklaren Erkrankung der linken Hemisphäre,[9] Mozarts mutmaßliche (und höchst unwahrscheinliche) Tourette-Erkrankung, der (möglicherweise schizophrene) Narzisst Ezra Pound, Wolff, Hemingway, Plath und weitere Schriftsteller, die in einer depressiven Phase Selbstmord begingen (auf das hohe Selbstmordrisiko von Autoren kommen wir noch zurück).

Das wirkt eindrucksvoll. Nur werden damit einerseits alle möglichen psychischen Erkrankungen, die neuronal nicht viel miteinander zu tun haben, zur Erklärung des einen Phänomens „Kreativität" herangezogen. Und zweitens schrumpft die spektakuläre Liste verrückter Genies sehr zusammen, wenn man einmal in Gedanken die langen Reihen der geistig völlig gesunden Genies durchgeht:

Bach – das vermutlich größte musikalische Genie aller Zeiten und ein feister Vater vieler Kinder. Haydn, Beethoven, Schubert, Rossini, Mendelssohn, Chopin, Liszt, Saint-Saëns,

Berlioz, Brahms, Wagner, Verdi, Puccini, Mahler, Rachmaninov, Prokofiev, Strawinsky, Poulenc, Lennon/McCartney ...

Oder Spinoza, Hume, Kant, Schopenhauer, Schelling, Fichte, Hegel, Wittgenstein, Anders ...

Oder Dante, Petrarca, Boccaccio, Cervantes, Shakespeare, Goethe, Schiller, Herder, Wieland, Austen, Twain, Carroll, Wilde, Mann, Morgenstern, Musil, Borges, Cortázar, Carpentier, Calvino, Benni, Ende, LeGuin, Pratchett ...

Oder Giotto, Botticelli, Leonardo, Raffael, Michelangelo, Dürer, Cranach, Holbein, Rembrandt, van Dyck, Friedrich, Turner, Renoir, Monet, Manet, Gauguin, Marc, Macke, Delaunay, Picasso, Braque, Dalí, Ende ...

Nochmal Leonardo, diesmal als Wissenschaftler, Descartes, Galilei, Kopernikus, Kepler, Leibniz, Newton, Linné, Darwin, Wallace, Helmholtz, Planck, Einstein, Gesell, Keynes, Turing, Ramón y Cajal ...

Alles Charaktere, keine Frage. Nicht wenige, über die ihre Zeitgenossen den Kopf geschüttelt haben: der unleidige Beethoven, der dämonische Liszt, die Frauenfeinde Brahms, Schopenhauer und Nietzsche, das – mit Verlaub – Oberarsch Wagner, der pedantische Kant, der von Selbstzweifeln zerfressene Wittgenstein, der gehemmte Lewis Carroll, der streitsüchtige Galilei, der unfrisierte Einstein ... Doch so sind Menschen nun einmal; damit spiegelt meine idiosynkratische Auswahl der ersten und besten Künstler, die mir in den Sinn gekommen sind, einfach den Querschnitt der Gesellschaft. Und jedenfalls keiner von ihnen kann in irgendeinem psychiatrischen Sinne „wahnsinnig" genannt werden. Fast scheint es eher, als schütze große Kreativität vor Geisteskrankheit.

Nun mag man einwenden, dass das Klischee, wenn es vom Wahnsinn spricht, der ans Genie grenze, ja gar keine psychiatrisch sauber definierte Kategorie meine, sondern eher eine gewisse Verschrobenheit, Unangepasstheit, Seltsamkeit, Andersartigkeit. Das wäre dann zwar etwas ganz anderes, und man muss das Klischee bitten, sich hinfort klarer auszudrücken.

Aber es führt vielleicht auf eine Spur. Denn „anders" waren durchaus einige aus der oben aufgeführten Künstlerliste: Manche waren Wunderkinder, etliche andere waren sozial gehemmt, und nicht wenige waren schwul. Auch eine gewisse Zahl von Linkshändern befindet sich darunter – auch von ihnen behauptet das (wissenschaftlich ungesicherte) Klischee, dass sie intelligenter und kreativer seien. Vor allem aber wird ein beträchtlicher Teil der Genannten auf eine Weise anders gewesen sein, die ebenso vordergründig unauffällig wie wahrhaftig isolierend ist: nämlich hochintelligent. Für hohe Kreativität braucht es, wie oben erörtert, einen IQ von mindestens 120, und bei berühmten Genies, meint der Kreativitätsforscher Dean Simonton,[10] dürfe es auch gerne etwas mehr sein: Mit weniger als 140 sei da wenig zu machen. Wenige Anomalien sind wie diese geeignet, einen Menschen zum Außenseiter zu machen, zum Fremden unter seinen Freunden, zum Einsamen in der Gesellschaft.

Wer von klein auf das Gefühl hat, anders zu sein als die anderen, wer deswegen womöglich auch gehänselt wurde und Außenseiter war, der verliert wahrscheinlich die menschliche Neigung, mit dem Strom schwimmen zu wollen. Bei Kindern dominieren zunächst Nachahmung und Anpassung. Sie wollen so sein wie die anderen, und nicht wenige Menschen wollen das ihr Leben lang. Aber wenn dieser Wille frustriert wird, sei es, weil die Umwelt das Kind hartnäckig auf sein Anderssein hinweist oder weil es selbst sein Anderssein nicht unterdrücken kann, dann wird es allein schon aus Selbstschutz über kurz oder lang auf die Konventionen pfeifen. Es wird feststellen, dass das, was alle für richtig und normal halten, ihm nicht passt. Und wer diesen Schritt erst einmal gemacht hat, dem wird es fortan leicht fallen, gegen die Regeln und quer zu denken, die Dinge anders zu sehen, eigensinnige Lösungen zu finden. Kurz: kreativ zu sein.

Die meisten Menschen sind Konformisten. Sie sind ängstlich darum bemüht, nicht aufzufallen; sie benehmen sich gerne so wie alle anderen in ihrem Umfeld, kleiden sich genauso, sprechen ebenso, denken – wenn man das so nennen will – das Gleiche und zweifeln selten an der Weisheit der Mehrheit. Man soll das nicht verachten: Meisen sind genauso,[11] Menschenaffen hingegen nicht.[12] Anscheinend ist der Drang zur Konformität ein sozialer Klebstoff, der nicht nur komplexe Gruppenstrukturen, sondern auch – überraschenderweise – hohe Formen von Intelligenz erst möglich macht. Doch so sehr Konformisten auch die Fundamente der Gesellschaft sein mögen: Ihre ideensprühenden Geistesvulkane sind sie eher nicht, sagt die Wissenschaft.

Denn Kreativität verlangt, ja, bedeutet geradezu, Glaubenssätze, die von allen anderen für unantastbar gehalten werden, auf den Müll zu schmeißen. Es glaubten einmal alle: Der seit 40 Jahren rumliegende Marmorblock ist nutzlos; der Mensch ist von Gott geschaffen; Geld ist ein Wertspeicher; Tiere muss man realistisch malen. Da kamen Michelangelo, Darwin, Gesell, Marc und sagten: Nö, das sehen wir anders. Diese Fähigkeit, ja, Neigung, sich gegen die Mehrheit zu stellen, haben Robert Sternberg, der herausragende Psychologe, und Todd Lubart in ihrem Buch „Defying the crowd" als ein gemeinsames Merkmal kreativer Menschen beschrieben. Diese Menschen „kaufen billig und verkaufen teuer": Sie nehmen sich solcher Ideen an, die kein anderer beachtet, und propagieren sie so lange, bis sie akzeptiert sind.

Jene, die das auf sich nehmen, weil ihnen der Drang zur Konformität abgeht, sind der Mehrheit logischerweise unverständlich. Warum tun die das? Und da es keinen erkennbaren vernünftigen Grund für die Renitenz gibt, müssen sie wohl verrückt sein. Man nennt solche Menschen, die sich hingebungsvoll abnorm verhalten, ohne nachweislich psychisch krank zu sein, auch Exzentriker. David Weeks[13] hat ihnen vor drei Jahrzehnten seine Forschung gewidmet, mit lesbarem Vergnügen. Er erzählt von Edward James, einem reichen Erben, der sich in Mexico seinen surrealen Traumgarten schuf, in dem er nackt zu wandern pflegte, auf zwei Stöcke gestützt, weil ihm seine ungeschnittenen Zehennägel das Gehen erschwerten ... Er erzählt vom „Tagesablauf eines Musikers" aus Eric Saties „Memoiren eines Amnesiekranken": „Aufstehen: 7:18 h; inspiriert sein von 10:23 h bis 11:47 h. Ich speise zu Mittag um 12:11 h und verlasse den Tisch um 12:14 h. Gesundes Reiten, im Freien: 13:19 h bis 14:53 h. Mehr Inspiration: 15:12 h bis 16:07 h. [...] Von ernstem Auftreten, wenn ich lache, dann nicht absichtlich. Stets entschuldige ich mich anschließend artig dafür. Mein Schlaf ist tief, aber ich behalte ein Auge offen. Mein Bett ist rund, mit einem ausgeschnittenen Loch, um meinen Kopf durchzulassen. Jede Stunde nimmt ein Diener meine Temperatur und gibt mir eine andere. [...]" Er erzählt von Glenn Gould und seiner Angst vor Zugluft, die ihn dick vermummt auf dem Podium sitzen ließ. Er erzählt natürlich von Kaiser Norton, der sich auf den Straßen von San Francisco als erster Monarch der USA huldigen ließ. Er erzählt von Ann Atkin, die 7500 Gartenzwerge besitzt, und John Slater, der eine zeitweise überflutete schottische Höhle bewohnt. Er erzählt also von zahlreichen Menschen, berühmten und unbekannten, die lustvoll gegen Konventionen verstoßen. Der allergrößte Teil von ihnen sah sich selbst als kreativ – und war es wohl auch.

Bewiesen ist damit freilich noch nichts, im Gegenteil: Das sind alles nur Anekdoten, herausgepickte Rosinen. Darüber, ob große Denker und Künstler tatsächlich nachweislich und statistisch gesichert mit erhöhter Wahrscheinlichkeit geisteskrank oder auch nur exzentrisch sind, sagt uns das noch nichts.

Nun hat das Gehirn viele Möglichkeiten, von der Normalfunktion abzuweichen, und nicht wenige der sich daraus ergebenden Erkrankungen sind mit erhöhter Kreativität in Zusammenhang gebracht worden. So viele, dass rebellische Kreativitätsforscher wie Arne Dietrich[14] bezweifeln, dass der vermeintliche Zusammenhang auf irgendeine wissenschaftlich haltbare, statistische Basis zu heben ist. Wenn die Hälfte aller Menschen zu irgendeinem Zeitpunkt ihres Lebens eine psychische Erkrankung durchmachen, wie sollen sich Genies davon noch unterscheiden?

Weitere Probleme kommen hinzu:

Über die seelische Gesundheit von Künstlern und Denkern, die vor mehr als hundert Jahren gestorben sind, wissen wir nichts Brauchbares. Dieser gewaltige Fundus an anerkannten Geistesgrößen fällt damit für saubere Wissenschaft aus.

Für eine psychiatrisch valide Untersuchung bleiben also nur große Geister des 20. und 21. Jahrhunderts. Aber wenn deren Hervorbringungen jenen von psychisch Kranken ähneln, ist das womöglich ein Zeitphänomen. Man schaue sich etwa die Sammlung Prinzhorn in Heidelberg an, diesen Fundus von Bildwerken, die Psychiatrieinsassen geschaffen haben: Surrealisten und Expressionisten waren davon fasziniert; für André Breton, den surrealistischen Vordenker, war Prinzhorns 1922 erschienene Abhandlung über die „Bildnerei der Geisteskranken" gar „seine Bibel". Die automatischen Texte der Surrealisten und nicht wenige ihrer Gemälde könnten unauffällig unter die Prinzhorn-Sammlung gemischt werden – oder umgekehrt manches Bild aus der Sammlung in eine Surrealisten-Ausstellung. In den 20er-Jahren des 20. Jahrhunderts sahen bedeutende Künstler die Welt ähnlich wie Schizophrene: als ein beängstigendes Chaos ohne Sinn und Halt, aus dem sich alle kulturellen Regeln verflüchtigt hatten. Es ist also kein Zufall, dass die Prinzhorn-Sammlung gerade in jener Zeit entstand: Noch wenige Jahrzehnte zuvor hätte niemand in den Werken der Geisteskranken „Kunst" erkannt. Und wenige Jahrzehnte später, als die Künstler sich mit dem Ordnungsverlust abgefunden hatten, waren die Werke schon eher „altmodisch".

Und ein drittes Problem: Es sind nur Korrelationen. Wenn der Anteil von Geisteskranken unter Künstlern gegenüber der Gesamtbevölkerung erhöht ist, dann kann das zweierlei bedeuten: dass eine Psychose schöpferisches Denken erleichtert. Oder dass es Menschen mit seelischen Störungen in einem bürgerlichen Beruf erheblich schwerer haben als in einer kreativen Tätigkeit, in der Launen und Eigenheiten eher verziehen werden.

Diese Einwände mahnen zu einer gewissen Skepsis, wenn wir nun schauen, was am Klischee vom wahnsinnigen Genie dran ist. Ist es nicht einfach nur eine Selbsttröstung der

Mittelmäßigen? Nach der Devise: „Ich mag zwar nicht genial sein, aber dafür bin ich wenigstens gesund"? Hans Prinzhorn war dieser Ansicht: „Es ist nicht zu verwundern, dass bei allen derartigen Versuchen, große Persönlichkeiten mit psychiatrischem Maße zu messen, einer regelmäßig als zu kurz befunden wird: der Messende."

Andererseits waren und sind auch grundsolide Wissenschaftler der Ansicht, dass Genie und Geisteskrankheit zusammenhängen. Das begann schon bei Platon. „Nun aber werden die größten aller Güter uns durch den Rausch zuteil, wenn er als göttliches Geschenk verliehen wird. [... Darum ist] der aus Gott stammende Rausch edler als die von Menschen stammende Besonnenheit" lässt er Sokrates im Phaidros sagen. Und kaum jemand kann auf Photographien so streng und schicksalsschwer blicken wie der ordentlich frisierte Hans Asperger, Erstbeschreiber der nach ihm benannten Form von Autismus, der 1968 schrieb: „Es scheint uns, als wäre für gewisse wissenschaftliche oder künstlerische Höchstleistungen ein Schluss ‚Autismus' geradezu notwendig."

Vor allem in den letzten anderthalb Jahrhunderten haben Psychiater den Zusammenhang von Genie und Wahnsinn untersucht. Mit sehr wechselhaften Ergebnissen. Es begann mit Cesare Lombroso, einem einflussreichen Kriminologen. Er veröffentlichte 1872 „Genio e follia" und zog die Verknüpfung, die er im Titel vornahm, inhaltlich radikal durch: Alle Genies befänden sich in einem geistigen Ausnahmezustand, nicht anders als Geisteskranke, und seien auch Kriminellen recht ähnlich. Alle drei Dispositionen – Genie, Geisteskrankheit und Kriminalität – hielt Lombroso zudem für erblich. Mit diesem Sums hatte Lombroso großen Einfluss. Noch über ein halbes Jahrhundert später genügte anderen

Autoren die Nennung seines Namens, um davon auszugehen, dass der Leser nun wisse, wovon die Rede sei.

Aber das Pendel schwang zurück. Fünfzig Jahre nach Lombroso sah Hans Prinzhorn, wie wir gehört haben, wenig Sinn darin, die Bildnerei von Psychiatrieinsassen mit Kunst gleichzusetzen. Ein Jahrzehnt später hatte das Pendel wieder die andere Seite erreicht: Wilhelm Lange-Eichbaum trug die Lebensgeschichten von 800 Genies zusammen und durchforstete sie auf psychiatrische Erkrankungen. Er war dabei äußerst großzügig – auch Altersdemenz und Syphilis zählten für ihn dazu, und er scheute sich auch nicht, tautologisch aus dem Werk rückzuschließen, dass dessen Schöpfer psychotisch gewesen sein müsse. So kam er in seinem Büchlein „Das Genie-Problem" auf die vermeintlich wissenschaftlich gesicherte und abschließende Wahrheit, dass an die 90 % der größten Genies geisteskrank gewesen seien. Aber das Pendel machte sich wieder auf den Rückweg, und die Psychiaterin und Schizophrenieexpertin Adele Juda fand 1949 mit derselben Methode – Biographieforschung, hier an 294 deutschsprachigen Genies (113 Künstler, 181 Wissenschaftler) der Neuzeit und ihren Familien – Folgendes heraus: Der Anteil von Schizophrenen war unter den Künstlern mit 2,7 % (also drei Fälle) dreimal so hoch wie in der Gesamtbevölkerung. Eine ganze Reihe von heute eher obskuren Diagnosen („schizoid exzentrisch", „emotional instabil", „schwacher Charakter"), die sie als „psychopathisch" zusammenfasst, erschien zwar ebenfalls sehr stark vertreten, aber zwei Drittel aller Künstler und drei Viertel aller Wissenschaftler waren völlig normal.

Und wo befindet sich das Pendel heute? Eine sehr gründliche Untersuchung verdanken wir Simon Kyaga, Paul

Lichtenstein und Kollegen vom Stockholmer Karolinska-Institut.[15] Sie wählten eine Herangehensweise, die jener der älteren (und auch mancher neueren) Studien entgegengesetzt war: Sie suchten sich nicht eine Stichprobe von Kreativen zusammen – nach Kriterien, die stets heikel sind –, um deren Psychopathologie mit statistischen Werten der Gesamtbevölkerung zu vergleichen. Stattdessen fingen sie gleich mit der Gesamtbevölkerung an. Die Datenschutzbestimmungen in Schweden erlauben es, die nationalen Patientendatenbanken, das Register der Todesursachen, die Daten der Einwohnermeldeämter und der Musterungsbehörde und die Ergebnisse von Volkszählungen miteinander zu verquicken, und das über 40 Jahre hinweg – so lange gibt es die Aufzeichnungen schon. Der Schlüssel dazu ist die persönliche Identifikationsnummer, die jedem schwedischen Bürger zugeordnet wird; sie ist das gemeinsame Band für die Angaben aus den verschiedenen Datenbanken. Das Ergebnis ist der Albtraum eines jeden Datenschützers und Traum eines jeden Epidemiologen: So konnten die Forscher in einer Stichprobe von über einer Million Schweden Beziehungen berechnen zwischen psychischen Erkrankungen (eigenen und in der Verwandtschaft), IQ (aus den Musterungsdaten der Männer), Todesursachen und Berufen. Dabei wurde der Beruf als Parameter für die Kreativität genutzt: Wissenschaftliche und künstlerische Berufe galten als „kreative Beschäftigungen". Als Gegenpol zur Kontrolle, sozusagen als Minuspol der unkreativen Berufe, dienten Buchhalter und Wirtschaftsprüfer.[16]

Das Ergebnis ist nach all dem Aufwand wohltuend ernüchternd: Wer in einem kreativen Beruf arbeitet, hat kein erhöhtes Risiko für fast alle psychischen Erkrankungen. Im Gegenteil: Sein Risiko, schizophren oder depressiv zu werden, an

Autismus, an einer Aufmerksamkeitsdefizit-Hyperaktivitäts-
störung oder an Drogenabhängigkeit zu leiden oder durch
Selbstmord zu sterben, ist sogar geringer als im Rest der
Bevölkerung.

Aber: Es gibt Ausnahmen. Menschen mit einer bipolaren
Störung, also einer manisch-depressiven Erkrankung, sind
unter den Kreativen häufiger zu finden. Dazu wird morgen
in folgenden Kapitel noch einiges zu sagen sein. Man muss
auch zwischen den Wissenschaftlern und den Künstlern
unterscheiden: Wissenschaftler sind „unheilbar gesund", wie
Georg Kreisler es nannte, Künstler dagegen neigen etwas zu
Depression und Angsterkrankung, Maler auch zur Psychose.
Und Schriftsteller – oh, Schriftsteller! Wehe! Wir sind die
Achillesferse der Künstler: Schizophrenie, unipolare und
bipolare Depression, Angsterkrankungen, Alkoholmiss-
brauch, Drogensucht – es trifft uns alles. Darum – aber nicht
nur darum – sterben so auffallend viele von uns durch Selbstmord. Das hatte schon Adele Juda gemerkt.

Und noch einen Befund von Juda bestätigen die Stockholmer Forscher: Mögen kreativ Tätige zwar gesünder (und
übrigens auch intelligenter) sein als die Gesamtbevölkerung –
ihre Verwandten sind es nicht. Umgekehrt formuliert: Für
die (gesunden) Eltern und Geschwister von Menschen mit
einer psychiatrischen Erkrankung (Schizophrenie, schizoaf-
fektive Störung, bipolare Störung, Anorexia nervosa) ist die
Wahrscheinlichkeit, einen kreativen Beruf zu ergreifen, deutlich erhöht. Ganz besonders gerne werden sie ... – erraten.

Es gibt demnach in der Familie von Künstlern eine psy-
chotische/schizotypische/psychopathologische genetische
Disposition. Bei einigen Familienmitgliedern kommt sie
zum Ausbruch; die sind krank, nicht kreativ. Aber andere

haben die Krankheitsneigung etwas schwächer. Sie bleiben gesund, verfügen aber über die kreativitätsfördernden Denkmuster. Eine Studie mit fast 90.000 isländischen Probanden[17] stützt dieses Modell: Genetische Profile, die eine gewisse Vorhersagekraft für die bipolare Störung oder die Schizophrenie hatten – und nur diese –, konnten auch einen sehr kleinen, aber signifikanten Teil der Kreativitätsunterschiede erklären.

Aus diesen Überlegungen ergibt sich zweierlei für die Frage nach Genie und Wahnsinn: Erstens ist die Veranlagung oder Neigung zur einer psychotischen Erkrankung wie Schizophrenie oder bipolarer Störung demnach kein Ein/Aus-Schalter. Man ist nicht entweder kerngesund oder verrückt. Sondern es gibt ein Kontinuum, einen langen Schieberegler vom seltenen Extrem der krachenden Gesundheit (hier finden sich allenfalls Wirtschaftsprüfer, die in der Stockholmer Studie noch gesünder waren als der Bevölkerungsdurchschnitt) zum anderen Extrem der psychiatrisch diagnostizierten Krankheit.

Und zweitens ist man nicht umso kreativer, je weniger geistig gesund man ist. Kreativität hängt mit der geistigen Gesundheit in Form eines umgekehrten U zusammen (s. Abb. 3) Die ganz Gesunden sind nicht kreativ, die ganz Kranken können es auch nicht sein, weil unter einer schweren Psychose das Denken zu wirr wird, um noch etwas hervorzubringen. Aber etwas unterhalb des oberen Anschlags, bei einer leichten, aber längst nicht medizinisch auffälligen Neigung zur Psychose, wie sie möglicherweise genetisch bei den Verwandten der Erkrankten vorliegt: Da herrschen vielleicht Denkprozesse vor, die kreatives Denken und Schaffen begünstigen. Gleichzeitig aber verfügen die Kreativen über

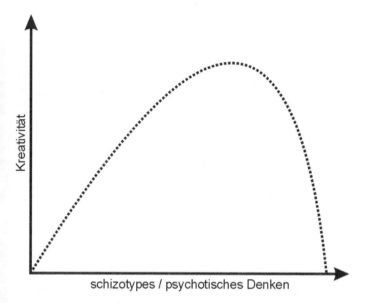

Abb. 3 Ganz links die Buchhalter, ganz rechts die Geisteskranken. Kreativität: irgendwo dazwischen

die nötige Intelligenz und seelische Stabilität, um das leicht psychotische Denken in produktive Bahnen zu lenken.

Doch wenn die Veranlagung zu einer psychotischen Erkrankung eine Skala ist, auf der sich Menschen unterscheiden: Hat dann die Persönlichkeitspsychologie etwas übersehen mit ihren „Big Five"? Braucht es dann nicht noch einen „Sixth Big One", also einen Persönlichkeitsfaktor, der diese Veranlagung beschreibt?

Tatsächlich gibt es Bestrebungen, das Fünf-Faktoren-Modell der Persönlichkeit zu erweitern oder zu modifizieren und eine Eigenschaft „Schizotypie" (nach Gordon Claridge) oder „Psychotizismus" (nach Hans Eysenck) einzuführen, die psychotische Persönlichkeitsmerkmale auf einer kontinuierlichen Skala abträgt. Psychotiker oder Schizophrene sind nach diesem Modell nicht kategorisch anders als gesunde Menschen, sondern haben nur eine besonders hohe Ausprägung von Schizotypie/Psychotizismus.

Das Merkmal „Schizotypie" hat vier Komponenten:

1. Ungewöhnliche Erfahrungen wie Halluzinationen oder Aberglauben,
2. kognitive Desorganisation, also abschweifende Gedanken,
3. die introvertierte Anhedonie, also eine in sich gekehrte Lustlosigkeit, und
4. impulsiven Nonkonformismus.

Es überrascht nicht, dass eine so definierte Persönlichkeitsdimension mit Kreativität korreliert – allerdings nicht vollständig. Ungewöhnliche Erfahrungen und Nonkonformismus sind typisch für kreative Menschen, kognitive Desorganisation und Anhedonie hingegen nicht.[18] Nun klingen „ungewöhnliche Erfahrungen" und „Nonkonformismus" arg vertraut nach der „Offenheit für Erfahrungen", die wir bereits unter kreativitätsfördernd einsortiert haben. Und tatsächlich: Wenn man die Erzeugnisse von Probanden nach ihrer kreativen Leistung beurteilen lässt und dann berechnet, wie stark sich die Unterschiede zwischen den Probanden auf ihre Intelligenz, Offenheit oder Schizotypie zurückführen lassen, dann genügen Intelligenz und Offenheit vollkommen zur Erklärung. Schizotypie spielt keine zusätzliche Rolle.[19]

Es ist daher fraglich, ob Schizotypie zur Beschreibung der Persönlichkeit gebraucht wird. Am ehesten ist sie ein handliches Bündel aus Offenheit und einigen anderen Eigenschaften. Das erweist sich als nützlich, um das Klischee vom irren Genie in Zahlen zu kleiden und damit wissenschaftlich gesellschaftsfähig zu machen. Doch der Aspekt der Schizotypie, der Künstler mit psychisch Erkrankten verbindet, ist die Offenheit für Neues. Fast hätte man es ahnen können: Nehmen wir die „geistige Offenheit" wörtlich, dann bedeutet „offen" von außen so viel wie von innen: nicht ganz dicht.

Kreativ durch Gene?

Das Modell des umgekehrten U geht von einer Veranlagung für psychische Erkrankungen aus und stützt sich auf die Beobachtungen, dass hochkreative Menschen auffallend viele psychotisch erkrankte Verwandte haben. Wenn an diesem Zusammenhang etwas Wahres dran ist, dann müsste Kreativität also eine genetische Grundlage haben und zumindest in Teilen erblich sein.

Nicht wenige von uns haben in der Schule das berühmteste vermeintliche Beispiel für erbliche Kreativität durchgenommen: den Stammbaum der Musikerfamilie Bach (Abb. 4). Johann Sebastian Bach hat diesen Stammbaum selbst als Erster aufgeschrieben und zu jedem seiner Vorfahren vermerkt, welche musikalischen Fähigkeiten er besaß. Sein Ururgroßvater Veit oder Vitus Bach, ein Bäcker, habe, so schrieb Johann Sebastian, „sein meistes Vergnügen an einem Cythringen [auch: Zister, das ist ein lautenähnliches Zupfinstrument] gehabt welches er auch mit in die Mühle genommen und unter währendem Mahlen darauf gespielet. (Es muss doch hübsch zusammen geklungen haben! Wiewol er

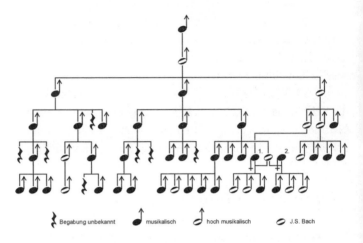

Abb. 4   Geballte Musikalität – sechs Generationen Bachs

doch dabey den Tact sich hat imprimiren lernen.) Und dieses ist gleichsam der Anfang zur Music bey seinen Nachkommen gewesen." Dessen Sohn Johannes, kurz Hans genannt, war dann schon so begabt, dass der Stadtpfeifer ihn in die Lehre nahm und er im Raum Erfurt bei diversen Stadtmusikern aushelfen konnte. Sowohl Hans' Brüder als auch seine drei Söhne wurden Musiker, und so setzte sich diese Tradition über weitere Generationen fort. Sämtliche Brüder von Johann Sebastian Bach sowie alle Jungen bis auf einen aus der Generation seiner Söhne waren musikalisch begabt; vier seiner sechs Söhne wurden berühmte Komponisten – zu Lebzeiten teils höher geschätzt als der Vater. Noch der letzte Bach aus seiner Linie – Wilhelm Friedrich Ernst – war ein anerkannter, wenngleich heute vergessener Komponist.

Aber was beweist das? Natürlich nur, dass die elterliche Erziehung die Berufswahl der Kinder beeinflusst. Der Sohn des Dachdeckers wird Dachdecker und übernimmt das Geschäft, die Tochter der Psychotherapeutin wird Psychotherapeutin und übernimmt die Praxis, ohne dass wir deswegen nach einem Dachdecker-Gen oder einem Psychotherapeuten-Gen suchen würden.

Und tatsächlich liefert die klassische Musik ja auch das schlagende Gegenbeispiel: Clara und Robert Schumann waren beide gefeierte, hochbegabte Musiker, und sie hatten, als wollten sie der Wissenschaft eine solide Stichprobe hinterlassen, zusammen acht Kinder (von denen eines als Kleinkind starb). Natürlich erhielten diese Instrumentalunterricht, und dennoch ist keines von ihnen „was geworden". Zwei Töchter brachten es zur Klavierlehrerin. Sie werden die Werke Robert Schumanns kompetent unterrichtet haben.

Zu einem ähnlichen Urteil kam auch Adele Juda in ihrer gründlichen Durchsicht der Familien deutscher Genies: Zwar entstammten berühmte Künstler und Wissenschaftler meist einem hochgebildeten und oft künstlerischen Elternhaus. Ihre Kinder aber waren selten herausragend.

Dies lässt sich sparsam durch den bekannten statistischen Effekt erklären, der „Regression zur Mitte" genannt wird, seitdem Darwins Vetter Francis Galton diesen Begriff eingeführt hat. Allgemein formuliert sagt er Folgendes: Nehmen wir einmal an, dass man zwei miteinander verbundene Messungen macht, also dieselbe Größe in Eltern und Kindern ermittelt oder zwei verschiedene Größen in einer Stichprobe. Wenn nun diese Größen nicht vollständig determiniert sind und man anschließend diejenigen Werte raussucht, die in der einen Messung weit vom Mittelwert abweichen, dann werden die dazugehörigen Werte der anderen Messung näher am Mittelwert liegen.[20] Das klingt kompliziert, daher im

Beispiel: Die Kinder sehr großer Eltern sind im Mittel nicht ganz so groß, die Kinder sehr kleiner Eltern nicht ganz so klein. Das liegt daran, dass das Merkmal „Körpergröße" nicht vollständig genetisch festgelegt ist, sondern auch durch einen Umweltbeitrag mit beeinflusst wird. Und der wirkt bei den Kindern nicht unbedingt in dieselbe Richtung wie bei den Eltern.

Was für die Körpergröße gilt, trifft auch auf die Intelligenz zu. Und die ist, wie oben erläutert, eine Voraussetzung für Kreativität. Und sofern Kreativität eigene, von der Intelligenz unabhängige genetische Beiträge hat, gilt das auch für sie.

Im Falle der Schumannkinder und anderer Geniesprösslinge ihrer Zeit dürfte der zerstörerische Druck hinzugekommen sein, den es bedeuten kann, den Erwartungen entsprechen zu müssen, die berühmte Eltern unweigerlich verkörpern. Die Erfolgsstory der Familie Bach spielte sich dagegen vor Erfindung des Geniekults ab: Da wurden die Söhne halt Musici, wie sie andernfalls Dachdecker geworden wären.

Heißt das nun, dass es müßig sei, nach „Kreativitätsgenen" zu suchen? Mitnichten. Auch bei quantitativen wissenschaftlichen Analysen etwa von musikalischen Fähigkeiten wurde durchaus eine hohe Erblichkeit (im Mittel ca. 50 %) gefunden[21], wobei nicht nur Gehör und Rhythmusgefühl, sondern auch das Komponieren und Improvisieren getestet wurden. Es heißt nur, dass die zugrunde liegenden Gene mindestens so schwer zu finden sein werden wie „Intelligenzgene" und dass ihre Ausprägung ebenso sehr der Umwelt ausgeliefert sein wird. Was ja tröstlich ist: Kreativität kann man nicht züchten. Und jeder hat die Chance, ein Künstler oder Wissenschaftler zu werden, selbst wenn die Mutter bloß Bankmanagerin und der Vater Erzieher war.

Erst seit Neuestem ist es möglich, im kompletten Genom nach Varianten zu suchen, die sich zwischen zwei Gruppen (etwa: Kreativen und Nichtkreativen) unterscheiden. Und es ist immer noch sehr mühsam und wenig ergiebig. Darum gehen alle Studien, die nach sogenannten Kandidaten-Genen suchen, hypothesengeleitet vor. Man sucht sich Gene, von denen mehrere Varianten bekannt sind, und die in solche Eiweiße übersetzt werden, deren Verbindung zu – in unserem Fall – Intelligenz oder Kreativität bereits plausibel ist. Man könnte denken, dass die ersten Kandidaten solche Gene sind, von denen Stoffe in den Lernsynapsen der Großhirnrinde abgelesen werden, oder solche, welche die Ausprägung assoziativer Gehirngebiete regeln. Aber weit gefehlt! Die ersten Gene, deren Zusammenhang mit Kreativität untersucht worden ist, haben etwas mit den neuromodulatorischen Bahnen und mit Hormonen zu tun.

Dass die neuromodulatorischen Bahnen und insbesondere die Dopaminbahnen die Persönlichkeitsdimension „Offenheit für Erfahrungen" mit beeinflussen, die typischerweise bei Kreativen stark ausgeprägt ist, haben wir ja schon gesehen. Folglich sind gerade Dopamin und Serotonin die heißesten Kandidaten für die Suche nach „Kreativitätsgenen".

Natürlich hat jeder gesunde Mensch alle nötigen Gene. Aber es gibt Varianten in der Basenabfolge – sogenannte Allele –, die sich auf die Struktur der Proteine und damit auf deren Effizienz auswirken können. Forscher können daher ihre Probanden nach den Allelen einteilen und testen, ob die Mitglieder der einen Allelgruppe kreativer sind als die einer anderen. Für Gene aus dem Serotoninsystem war diese Methode schon mehrfach erfolgreich: Sowohl Varianten des Gens, dessen Produkt die Herstellung von Serotonin katalysiert, als auch des Gens für den Serotonintransporter, der Serotonin wieder vom Ort des Geschehens entfernt und damit wirkungslos macht, machten einen signifikanten Unterschied in Bezug auf die Kreativität.[22]

Auch Dopamin spielt eine Rolle. Unterschiedliche Spielarten des Gens für einen Dopamin-Rezeptor (den D2-Rezeptor) waren mit Kreativität korreliert. Das kam nicht unerwartet: Ein Allel des D2-Rezeptorgens hat zur Folge, dass in der Großhirnrinde erheblich weniger von diesen Rezeptoren eingebaut werden. Und es scheint, dass diejenigen Menschen, auf die das zutrifft, besonders intelligent sind. Andererseits ist es aber vielleicht auch kein Zufall, dass dasselbe Gen auch mit der Persönlichkeitsdimension „Offenheit für Erfahrungen" zusammenhängt.[23] Und diese – wir erinnern uns – ist bei kreativen Menschen stark ausgeprägt. Der hemmungslos vereinfachte Zusammenhang könnte also lauten: Das A1-Allel (so heißt es) des D2-Rezeptors macht offen für Erfahrungen (auf diesen Zusammenhang kommen wir morgen noch mal zurück), und das macht kreativ.

Ein weiteres Gen, das mit Kreativität in Verbindung gebracht worden ist, steht für den Vasopressin-Rezeptor. Vasopressin ist ein Hormon, das – ähnlich wie das erheblich prominentere Oxytocin – soziale Bindungen verstärkt, wenn es ausgeschüttet wird. Das brachte eine finnische Arbeitsgruppe um Irma Järvelä[24] auf die Idee, dass Vasopressin bzw. sein Rezeptor auch etwas mit Musik zu tun haben könnte. Denn Musik erzeugt Nähe und Gemeinschaft wie kaum etwas anderes; die meisten Theorien zur Musikevolution gehen davon aus, dass sie zunächst als Mechanismus zur Gruppenbindung entstand. Also untersuchte die Arbeitsgruppe die Verteilung von Varianten des Vasopressin-Rezeptorgens in finnischen Familien, in denen etliche, aber nicht alle Mitglieder als Profis oder Amateure aktiv Musik betreiben. Tatsächlich waren bestimmte Varianten des Gens mit musikalischen Fähigkeiten, aber auch musikalischer Kreativität assoziiert. Soziale Bindung hätte die Entwicklung von Musik demnach nicht nur evolutionär gefördert, sondern würde auch heute noch auf individueller Ebene einen Beitrag dazu leisten, dass Menschen anfangen, Musik zu machen.

****

Es war ein sehr langer Tag, und Sie richten sich zu Hause schon auf einen ruhigen Abend ein, als das Telefon klingelt. Commissario Prefrontale ist dran.

„Wollen Sie etwas Neues sehen?", fragt er. „Dann kommen Sie schnell runter zum Ponte San Martino. Aber lassen Sie das Auto stehen."

Er hat ehrlich aufgeregt geklungen. Also ziehen Sie den Regenmantel wieder über, der noch klamm ist, und gehen auf die Straße.

Aber es hat endlich aufgehört zu regnen. Windstöße schütteln noch die letzten, dicken Tropfen von den Platanen und zielsicher in die Nacken derer, die jetzt endlich wieder ohne Jacke auf den Gehwegen flanieren.

Längst ist es dunkel, und Laternen gießen ein unwirkliches, gelbes Licht durch die Straße. Ein unablässiger Verkehrsstrom knattert und brummt noch vorbei, und auf den

Bürgersteigen spazieren Menschen in Grüppchen stadteinwärts und stadtauswärts, lebhaft in Gespräche vertieft. Vor
den Bars sitzen die Kunden an den gusseisernen Tischchen
und trinken ein Glas Wein. Eine alte Frau geht herum und
bettelt. Und als kümmerte sie die ganze menschgemachte
Unruhe nicht, sitzt irgendwo in der Platane an der nächsten
Ecke eine Amsel und singt.

Während Sie mit den Menschentrauben stadteinwärts
schlendern, geht Ihnen wahrscheinlich durch den Sinn, was
Sie heute herausgefunden haben:

Um zu verstehen, wie es zu Kreativität kommt, verfolgen
einige Wissenschaftler den Ansatz, die Menschen in zwei
Gruppen zu scheiden: die Kreativen und die Unkreativen.
Dann suchen sie nach weiteren Eigenschaften, nach denen
sich diese beiden Gruppen unterscheiden. So sind Kreative
besonders intelligent und besonders offen für Neues. Beide
Eigenschaften beruhen zu einem großen Teil auf der Tätigkeit des präfrontalen Cortex, der folglich bei kreativen Menschen sehr leistungsfähig ist, vielleicht auch ausgeprägter und
ausgesprochen gut mit anderen Gehirngebieten vernetzt. Das
Auffallendste an Albert Einsteins Gehirn war z. B. besonders
viel weiße Substanz im präfrontalen Cortex.

Vielleicht hängt es mit dieser starken Vernetzung zusammen, dass Kreative eine breiter gestreute Aufmerksamkeit
haben. Sie unterdrücken die Wahrnehmung von peripheren
Reizen schlechter als analytische Denker. Aber das hat den
Vorteil, dass sie solche Reize als Hinweis oder als Assoziation
nutzen können. Als zweiter neuronaler Kreativitätsbaustein
neben dem präfrontalen Cortex kommt damit das Dopaminsystem ins Spiel. Dieses regelt nicht nur die Arbeit des präfrontalen Cortex, sondern auch die latente Inhibition, also
die Einordnung bekannter Reize als irrelevant.

Unfokussiertes Denken, verringerte latente Inhibition, Auffälligkeiten im Dopaminsystem und im präfrontalen Cortex – das sind auch Kennzeichen der Schizophrenie. Damit steht die uralte Frage knackig frisch im Raum, ob und wie Kreativität und Geisteskrankheit zusammenhängen. Tatsächlich gibt es nicht nur die erwähnten Ähnlichkeiten in der Gehirnfunktion, sondern auch epidemiologische Daten, die darauf hinweisen, dass unter Künstlern – nicht aber unter Wissenschaftlern – die Gefahr, an einer Psychose zu erkranken, etwas erhöht ist. Noch etwas höher ist sie aber unter den Verwandten der Künstler. Nach der Hypothese des umgekehrten U ist die Persönlichkeitsdimension „Schizotypie" ein Kontinuum, das von krachgesunder Normalität bis zur schweren Schizophrenie reicht. Wer zwar als Verwandter von Erkrankten die Veranlagung dazu trägt, aber auf der Skala etwas weiter unten im gesunden Bereich bleibt, hätte demnach die besten Voraussetzungen zur Künstlerschaft.

Genetische Studien stützen dieses Modell. Es beruht ja darauf, dass die Voraussetzungen für Kreativität und Geisteskrankheit wenigstens teilweise erblich sind. Tatsächlich hat man einige genetische Varianten gefunden, die einen bescheidenen, aber belegbaren Beitrag zur Kreativität leisten. Wieder ist das Dopaminsystem dabei. Auch der Neuromodulator Serotonin spielt eine gewisse Rolle. Und für musikalische Begabung kommt das Sozialhormon Vasopressin mit ins Spiel.

Passen Sie auf! Lautes Bimmeln schreckt Sie aus Ihren Gedanken. Metallräder quietschen auf Schienen wie Kreide auf einer Tafel. Ihr Herz beginnt zu rasen, noch ehe Sie verstehen, was geschehen ist. Reflexhaft sind Sie zurückgesprungen, ehe Sie überhaupt mitbekommen haben, was los ist: Eine Straßenbahn ist kaum noch zwei Meter von Ihnen entfernt zum Stehen gekommen; Sie sind ihr geradewegs in die Gleise gelaufen. Schwer atmend treten Sie zur Seite und winken dem kopfschüttelnden Fahrer vage eine Entschuldigung zu.

Palmström kommt Ihnen in den Sinn. „„Wie war' (spricht er, sich erhebend/und entschlossen weiterlebend)/‚möglich, wie dies Unglück, ja –:/dass es überhaupt geschah?'" Denn hier ist, solange Sie die Stadt kennen, noch nie eine Straßenbahn gefahren. Die Linie ist seit Menschengedenken stillgelegt; nur die Gleise liegen noch als ewiges Ärgernis für Radfahrer und kinderwagenschiebende Eltern im Pflaster, von Moos umgrünt. Wo, in drei Teufels Namen, kommt diese Bahn her?

Das Rätsel lichtet sich, zumindest etwas, als Sie die aus sandfarbenen Quadern gefügten Bögen des Ponte San Martino erreiche. Prefrontale erwartet Sie bereits. Und auch Reporterin Amina ist zur Stelle und grüßt Sie mit heiterem Lächeln. Gerade, als Sie zu den beiden treten, quietscht und kratzt eine Tram in der Gegenrichtung über die Brücke. Fußgänger drücken sich ans steinerne Geländer, als wäre es immer so gewesen. Prefrontale schaut der Straßenbahn kopfschüttelnd nach. Dann wendet er sich an Sie:

„Haben Sie das gesehen?"

„Nicht nur gesehen, nicht nur gehört", erwidern Sie. „Ich hätte es auch beinahe in den Knochen gespürt. Wieso fährt hier wieder eine Straßenbahn?"

„Weil irgendjemand die Gleise frei gekratzt und die Weichen repariert hat. Ach, und dann hat dieser Jemand auch noch den Linienplan im Hauptcomputer der Stadtwerke verändert. Die Lokführer schwören Stein und Bein, dass sie von nichts gewusst hätten. Sie hätten nur ‚Anweisungen befolgt'."

„Wer hat denn die ganzen Arbeiten an den Gleisen gemacht?", wollen Sie verständlicherweise wissen. Amina mischt sich ein:

„Ich habe schon einige Anwohner befragt. Sie haben in den letzten Wochen gelegentlich Bauarbeiter an den Gleisen gesehen, sich aber nichts dabei gedacht."

„Natürlich nicht", sagen Sie schulterzuckend. „Aber ich nehme an, die Stadtverwaltung hat die Arbeiten nicht in Auftrag gegeben?"

Commissario Prefrontale atmet tief ein, ehe er mit betont beherrschter Stimme antwortet: „Wenn endlich einmal jemand jemanden bei der Verwaltung an die Strippe bekäme, könnten wir das *vielleicht* klären. Aber dort hat man wohl Wichtigeres zu tun, als mit der Polizei zu reden."

„Es könnte doch jedenfalls sein, dass die Wiederbelebung der Linie von der Stadt geplant war", meint Amina. „Sie ergibt ja Sinn. Seit ewigen Zeiten sind die Oststadt und die Weststadt im Schienennetz getrennt gewesen. Ich bin überzeugt, dass unsere Leserschaft das mit großer Zustimmung aufnehmen wird."

„Das Feste diesseits des Wassers und das Feste jenseits des Wassers", murmeln Sie.

„Ihre Leserschaft ist mir egal", schimpft Prefrontale, Sie überhörend. „Wenn die Änderung nicht behördlich beschlossen wurde, ist sie Vandalismus im öffentlichen Raum."

Aber Ihre Gedanken schwirren noch um die wiederhergestellte Verbindung zwischen den beiden Hälften der Stadt. Sie erinnert Sie an das, was Sie während Ihrer Recherche heute immer wieder gelesen haben: dass Kreativität ein Produkt, gar eine Eigenschaft der rechten Gehirnhälfte sei. Dass kreative Menschen also „rechtshemisphärische Persönlichkeiten" seien, mit einer besonderen Fähigkeit, die assoziativen, ganzheitlichen Hervorbringungen dieser Hirnhälfte zu nutzen. Harte Belege dafür waren überraschend rar.

Zahlreiche Psychologen hatten ausgeklügelte Tests entwickelt, mit denen sich bestimmen ließ, ob Probanden Reize besser mit der einen oder der anderen Hemisphäre entdecken und verarbeiten können. Und dann war diese Lateralität mit verschiedenen Kreativitätsmaßen korreliert worden, und ja, manchmal war da was, und nein, manchmal auch nicht. Und eigentlich war das doch wenig verwunderlich: Die beiden Hemisphären sind über den dicken, mit Verbindungsfasern dicht gepackten Balken miteinander verbunden. Sie arbeiten in jedem gesunden Menschen gemeinsam. Und ohne die sogenannten „linkshemisphärischen" Fähigkeiten wie logisches Denken kann kein Werk von Wert hervorgebracht werden. Allenfalls, sagen manche Wissenschaftler, ist ein kreativer Mensch jemand, der die Leistungen beider Hemisphären besonders gut integrieren kann.

Trotzdem haben Sie wahrscheinlich das Gefühl, dass das letzte Wort damit noch nicht gesprochen ist. Menschen mögen nicht links- oder rechtshemisphärisch sein – aber vielleicht Leistungen? Behalten Sie das ruhig im Hinterkopf.

Für heute jedoch soll es genug sein. Aus dem Sinnieren auftauchend, hören Sie Prefrontale sagen, dass die Arbeit des Psychologen die Ermittlungen nicht so weitergebracht habe, wie er gehofft hatte. Dann gehen Sie jeder seiner Wege – sie nach Osten, der Commissario nach Westen.

****

Anmerkungen

1 Altenmüller, E. (2010) Hirnphysiologische Korrelate musikalischer Begabung: Gibt es eine Haydn-Windung? Musikphysiol. Musikermed. 17: 69–77.

2 DeFelipe, J. (2011) The evolution of the brain, the human nature of cortical circuits, and intellectual creativity. Front. Neuroanat. 5: 29.

3 Jung, R.E., Gasparovic, C., Chavez, R.S., Flores, R.A., Smith, S.M., Caprihan, A. & Yeo, R.A. (2009) Biochemical support for the "threshold" theory of creativity: a magnetic resonance spectroscopy study. J. Neurosci. 29: 5319–5325.

4 Takeuchi, H., Taki, Y., Hashizume, H., Sassa, Y., Nagase, T., Nouchi, R. & Kawashima, R. (2011) Cerebral blood flow during rest associates with general intelligence and creativity. PLoS One 6: e25532.

5 Geake, J.G. & Hansen, P.C. (2005) Neural correlates of intelligence as revealed by fMRI of fluid analogies. NeuroImage 26: 555–564.

6 DeYoung, C.G., Peterson, J.B. & Higgins, D.M. (2005) Sources of openness/intellect: Cognitive and neuropsychological correlates of the fifth factor of personality. J. Personal. 73: 825–858.

7 Ansburg, P.I. & Hill, K. (2003) Creative and analytic thinkers differ in their use of attentional resources. Pers. Indiv. Dif. 34: 1141–1152.

8 Dykes, M. & McGhie, A. (1976) A comparative study of attentional strategies of schizophrenic and highly creative normal subjects. Brit. J. Psychiat. 128: 50–56.

9 Amaducci, L., Grassi, E. & Boller, F. (2002) Maurice Ravel and right-hemisphere musical creativity: influence of disease on his last musical works? Eur. J. Neurol. 9: 75–82; Warren, J.D. & Rohrer, J.D. (2008) Ravel's last illness: a unifying hypothesis. Brain 132: 1–2.

10 Simonton, D.K. (2010) Creativity in highly eminent individuals. In: Kaufman, J.C. & Sternberg, R.J. (Hrsg.)

The Cambridge handbook of creativity. Cambridge University Press, S. 174–188.

11 Aplin, L.M., Farine, D.R., Morand-Ferron, J., Cockburn, A., Thornton, A. & Sheldon, B.C. (2015) Experimentally induced innovations lead to persistent culture via conformity in wild birds. Nature 518: 538–541.

12 Haun, D.B.M., Rekers, Y. & Tomasello, M. (2015) Children conform to the behavior of peers; other great apes stick with what they know. Psychol. Sci. 25: 2160–2167.

13 Weeks, D. & James, J. (1995) Eccentrics. A study of sanity and strangeness. Westminster: Villard.

14 Dietrich, A. (2014) The mythconception of the mad genius. Front. Psychol. 5: 79.

15 Kyaga, S., Landén, M., Boman, M., Hultman, C.M., Långström, N. & Lichtenstein, P. (2013) Mental illness, suicide and creativity: 40-Year prospective total population study. J. Psychiat. Res. 47: 83–90.

16 In ehrendem Gedenken an Terry Pratchett, eines der größten kreativen Genies der vergangenen Jahrzehnte, erinnere ich daran, dass auf der Scheibenwelt die Wirtschaftsprüfer (*„auditors"*) die gesichtslosen und sturen Feinde jeder Kreativität sind, und daher immer wieder – natürlich und zum Glück erfolglos – das Leben bekämpfen, als einen inhärent anarchischen und kreativen Prozess.
Wie stets war Sir Pterry äußerst hellsichtig.

17 Power, R.A. et al. (2015) Polygenic risk scores for schizophrenia and bipolar disorder predict creativity. Nat. Neurosci. 8: 953–956.

18 Weinstein, S. & Graves, R.E. (2002) Are creativity and schizotypy products of a right hemisphere bias? Brain Cogn. 49: 138–151; Batey, M. & Furnham, A. (2008) The relationship between measures of creativity and schizotypy. Pers. Indiv. Dif. 45: 816–821.

19 Miller, I.F. & Tal, I.R. (2007) Schizotypy versus openness and intelligence as predictors of creativity. Schizophr. Res. 317–314.

20 Nachtigall, C. & Suhl, U. (2002) Der Regressionseffekt. Mythos und Wirklichkeit. Methevalreport 4(2)

21 Ukkola, L.T., Onkamo, P., Raijas, P., Karma, K. & Järvelä, I. (2009) Musical aptitude is associated with AVPR1A-haplotypes. PLoS One 20: e5534.

22 Reuter, M., Roth, S., Holve, K. & Hennig, J. (2006) Identification of first candidate genes for creativity: A pilot study. Brain Res. 1069: 190–197; Volf, N.V., Kulikov, A.V., Bortsov, C.U. & Popova, N.K. (2009) Association of verbal and figural creative achievement with polymorphism in the human serotonin transporter gene. Neurosci. Let. 463: 154–157.

23 Peciña, M. et al. (2013) DRD2 polymorphisms modulate reward and emotion processing, dopamine neurotransmission and openness to experience. Cortex 49: 877–890.

24 Ukkola et al. (2009), s. Anmerkung 21.

Der dritte Tag: Schöpfungsdrang

Als Sie am folgenden Morgen ins Büro des Commissario treten, erwischen Sie ihn in einer seiner grüblerischen Phasen. Er steht am Fenster, durch welches das helle Licht eines sonnendurchstrahlten Tages hereinscheint, und betrachtet sinnend die Madagaskarpalme, die auf dem Fensterbrett steht.

„Was treibt so eine Pflanze an?", hören Sie ihn murmeln, als Sie näher kommen. „Warum wächst sie immer weiter?"

Noch ehe Sie sich eine Antwort überlegen können, klingelt das Telefon. Plötzlich wieder ganz da, springt Prefrontale geradezu zum Hörer. „Pronto!"

„Eine Insel?!", ruft er ungläubig aus, nachdem er einige Atemzüge lang zugehört hat. „Eine Insel? Bene, wir kommen."

Er legt den Hörer auf und wendet sich nun Ihnen zu.

„Er hat schon wieder zugeschlagen. Kommen Sie."

© Springer-Verlag GmbH Deutschland 2018
K. Lehmann, *Das schöpferische Gehirn*,
https://doi.org/10.1007/978-3-662-54662-8_3

Heute freut es Sie, aus dem Präsidium zu kommen. Es ist warm, aber ein leichter Wind und die aufsteigende, kühle Feuchte, die wir dem Regen des Wochenanfangs verdanken, sorgen dafür, dass die Wärme nicht schweißtreibend wird. Gerne würden Sie laufen, aber der Commissario öffnet bereits seinen Wagen. Binnen Minuten sind Sie auf der großen Piazza di Creta. Den großen Brunnen darauf kennen Sie gut: Er gibt dem Platz seinen Namen, denn auf der marmornen Umrandung des großen Beckens tummeln sich Minos, Pasiphae und der Minotaurus, die alle versuchen, Daidalos und Ikaros am Davonfliegen über das Wasser zu hindern.

Das Becken ist wirklich groß. Groß genug, hat sich anscheinend jemand gedacht, um mitten darin ein Inselchen aufzuschütten, von großen Marmorsteinen eingefasst, auf dem eine kleine Magnolie gepflanzt ist.

Die Reporterin Amina wartet bereits neben dem Brunnen. Sie lacht und zeigt zur Begrüßung auf die neue Insel:

„Hübsch, nicht wahr? Aber wollten Sie dem Missetäter nicht das Handwerk legen?"

Prefrontale schüttelt ratlos den Kopf.

„Das wird ja immer schlimmer!", klagt er. „Der hört ja gar nicht mehr auf! Was treibt so einen bloß an? Sie sagen ja ..." – er wendet sich an Sie – „ ... der ist nicht irre. Aber ich bin noch nicht überzeugt."

„Ich kann Ihnen nur sagen", fährt Amina ungerührt fort, „dass die Neugier unter unseren Lesern von Tag zu Tag wächst. Man fragt sich, wem wir die Umgestaltungen zu verdanken haben. Und natürlich fragt auch der eine oder die andere, ob die Polizei untätig ist. Es wäre schon gut, wenn Sie demnächst Erfolge zu verzeichnen hätten. – Ganz unabhängig davon, wie die Veränderungen zu bewerten sind."

Prefrontale stöhnt. „Nun setzen Sie mich doch nicht unter Druck. Ich bin ja dabei!" Er dreht sich zu Ihnen um. „Oh namenloser Freund Dupins! Was meinen Sie dazu?"

„Nun", beginnen Sie etwas überrumpelt, „wir müssen erst einmal Grund in die Ermittlungen reinbringen."

„Ja, Grund, Grund ist gut", grummelt der Commissario. „Das ist doch die Frage: Was ist der Grund? Warum tut der Täter das alles?"

„Ich sehe", sagt Amina keck, die Ihren Wortwechsel mitgehört hat, „die Arbeit an dem Fall wächst und gedeiht. Ich werde meinen Lesern vermelden, dass bei den Ermittlungen Land in Sicht ist. – Wir halten einander auf dem Laufenden, ja?"

****

Kreativität ist nicht nur das Weben der Genien. Vielen Menschen macht es Freude, sich etwas auszudenken, etwas selbst zu machen. Und auch das fällt unter den Begriff der Kreativität, weil die Produkte ihrem Zweck angemessen und aus Sicht ihres Schöpfers neu sind: die frei Schnauze gekochten Köstlichkeiten, die selbstgefädelte Schmuckkette, der selbstgestaltete Garten, das maßgeschreinerte Bücherregal, der selbstgestrickte Pullover ... Jede mittelgroße Stadt ernährt heute mindestens einen Bastelladen. Dort finden tausend kreative Geister alles, was sie zum Gestalten brauchen. Kreativität ist nicht nur etwas für die illustre Population mit einem IQ von über 120. Jeder kann kreativ sein.

Wenn er es will.

Das ist der springende Punkt: Kreativität setzt den Gestaltungswillen voraus, ja, mehr noch: Sie besteht zu einem beträchtlichen Teil im Gestaltungswillen. Kreativen Menschen macht es Freude, etwas zu gestalten. Und zwar in allen Domänen. Am ersten Tag sind wir auf die Debatte gestoßen, ob Kreativität spezifisch für einen Bereich ist oder übergreifend. Das stärkste Argument für die Spezifität hatte gelautet – wir erinnern uns –, dass Experten das, was dieselbe Person in unterschiedlichen Bereichen hervorbringt, ganz unterschiedlich kreativ finden: Wer ein originelles Gedicht schreibt, malt vielleicht ein belangloses Bild. Aber sticht dieses Argument wirklich? Bemisst sich Kreativität danach, *wie gut* jemand etwas macht, oder nicht vielmehr danach, *ob* er etwas macht? Ist es vernünftig, zu erwarten, dass jemand mehrere Medien hinreichend gut beherrscht, um dem gestrengen Urteil von Experten Genüge zu tun?

Nehmen wir William McGonagall aus Schottland, berüchtigt als „the world's worst poet", von dem wir in David Weeks' Buch über Exzentriker lesen können. Jeder seiner Verse war eine Beleidigung für Shakespeares Sprache. Er war völlig frei von Rhythmusgefühl, Klangsinn, Sprachverständnis oder einem Auge für Metaphern. Seine Zeilen sind so lyrisch wie das Kleingedruckte einer Versicherungspolice oder das Rattern eines Presslufthammers. Und doch fühlte er sich von einem unwiderstehlichen Zwang gepackt, Gedichte zu verfassen (oder das, was er dafür hielt). Kann man ihm absprechen, kreativ gewesen zu sein?

Die Qualität des Erschaffenen ist ein wichtiger Faktor, wenn es um das geht, was Kreativitätsforscher *big C* nennen: die großen Werke der Genies. Es gibt aber auch *little c*: die Alltagskreativität, die alle Menschen nutzen, um aufkommende Probleme zu lösen oder ihr Leben zu verschönern oder einfach Freude zu haben. Und was dabei herauskommt, wird nur gelegentlich höchsten Ansprüchen genügen können. Wer zu Hause seinen eigenen Schmuck designt, will nicht mit Benvenuto Cellini in Konkurrenz treten. Kreativ ist er trotzdem.

Einige Kreativitätsforscher sehen das genauso. Was große Künstler und Wissenschaftler verbindet, sind nicht so sehr Intelligenz oder Neugier, sondern einfach: Sie haben sehr viel geschaffen.

Das klingt trivial und tautologisch. Klar haben Schöpfer was erschaffen; darum nennen wir sie ja so. Aber sie haben nicht nur *was* erschaffen, sondern *viel*. Was die meisten Genies der Vergangenheit verbindet, ist ein ungeheurer Fleiß. Gewiss, es gibt auch die Faulpelze – wie Douglas Adams, den man dazu triezen musste, seine geistreichen, skurrilen Geschichten zu Bildschirm zu bringen. Und es gibt die Perfektionisten, die Ewigkeiten lang an jedem Wort und jeder Note feilen. Wie Paul Dukas, der mit seinen Werken kaum je zufrieden war und unseligerweise schließlich doch einen großen Teil vernichtete – Stücke, an welchen außer ihm selbst sicher niemand etwas auszusetzen gehabt hätte. Oder Gustave Flaubert, der bisweilen mehrere Tage lang nach dem einen passenden Wort suchte. Aber das sind Ausnahmen. Die meisten großen Künstler haben nicht nur Großes hervorgebracht, sondern auch und vor allem viel. Sie waren rastlos tätig, ständig fleißig, ungeheuer produktiv: hingebungsvolle Workoholics.

Daher ähnelt die Verteilung von Werkproduktion unter den Künstlern der Reichtumsverteilung in der Gesellschaft: Den 10 % der Produktivsten ist die Hälfte der Hervorbringungen anzurechnen, während die unproduktivste Hälfte nur ein gutes Zehntel der Werke erzeugt hat.[1] Und mag dabei auch Masse nicht gleich Klasse sein – weite Teile von Haydns, Liszts, Goethes Schaffen, um nur die Eifrigsten zu nennen, sind vermutlich zu Recht vergessen –, so gibt es doch auch innerhalb der Werke eines Meisters eine Exponentialverteilung, so dass vielen eher belanglosen Opera eine kleine Zahl von Geniestreichen gegenüber steht.

Das leuchtet ein. Wer fleißig ist, hat drei Vorteile: Erstens übt er seine Fähigkeiten. Christian Morgenstern hatte sich selbst die Aufgabe gesetzt, täglich mindestens 300 Wörter zu schreiben, um in Übung zu bleiben. Er ist ein gutes Beispiel der oben erwähnten Verteilung: Sein Werk umfasst romantische Gedichte, nietzscheanische Aphorismen, auch szenische Sketche, sowie natürlich die voluminösen Produkte von 300 Wörtern mal Lebenstagen. Geblieben davon sind nur die bodenlosen Gedichte, die er in den schmalen Bändchen der Galgenlieder, Palmström und Palma Kunkel publizierte.

Zweitens erhöht der Fleißige die Chance auf einen Geniestreich. Auch ein schlechter Schütze wird durch reinen Zufall das Ziel einmal treffen, wenn er mit dem Maschinengewehr ballert. Wer fleißig an seiner Zielgenauigkeit feilt, setzt mit hoher Wahrscheinlichkeit bisweilen den perfekten Treffer.

Und drittens bringt er seine Werke zu Ende. Die zündende Idee, das „Heureka-Erlebnis", ist ein zwar notwendiger, aber vergleichsweise winziger Teil des fertigen Werkes. Zum vollendeten Kunstwerk (oder zur veröffentlichten wissenschaftlichen Arbeit) verhält es sich wie die befruchtete Eizelle zum erwachsenen Körper. Thomas A. Edison, der bis heute (in Patenten gemessen) produktivste Erfinder aller Zeiten, hat das auf die bekannte Formel gebracht: Genie ist 1 % Inspiration und 99 % Transpiration. Für die Künste gilt das ebenso. Blendende Ideen sind die Voraussetzung für einen großen

Roman. Aber ungeschriebene Romane gewinnen keinen Nobelpreis.

So verwundert es nicht, dass einige Forscher Kreativität auf die einfache Formel bringen wollen: Genie = Intelligenz + Fleiß. Ja, wenn man Kreativität nicht als momentane Fähigkeit misst, sondern daran, was jemand im Laufe seines Lebens tatsächlich hervorgebracht hat, dann ist die Persönlichkeit – und darin, der Ehrgeiz – vielleicht sogar wichtiger als die Intelligenz.[2] Die Intelligenz sorgt nur dafür, dass das Erschaffene gut wird. Den Antrieb zum Schaffen aber – den liefert sie nicht.

Woher aber kommt dann der Antrieb zum Kreativsein – der Antrieb, der McGonagall mit Mann verbindet und den Hobbymaler mit Picasso?

Die einfache Antwort lautet: von innen.

Zwei auf den ersten Blick grundverschiedene Formen von Motivation lassen sich unterscheiden: die intrinsische und die extrinsische.

Intrinsisch motiviert sind wir, wenn wir das, was wir tun, an sich als belohnend empfinden. Die Belohnung steckt bereits in der Tätigkeit selbst, daher: intrinsisch. Wann immer wir etwas tun, das wir gerne tun – lesen, wandern, klettern, musizieren, oder was es für Sie sein mag –, sind wir dazu intrinsisch motiviert.

Das Gegenstück ist die extrinsische Motivation, die also ihre Belohnung außerhalb der motivierten Tätigkeit findet. Sie liegt vor, wenn Sie etwas nicht um seiner selbst willen tun, sondern um etwas zu bekommen: eine Bezahlung im einfachsten Fall, ein Lob, eine Beförderung.

Beppo Straßenkehrer, der meditativ – Schritt, Atemzug, Besenstrich – seine Arbeit tut, ist intrinsisch motiviert.

Später, als er es wie gehetzt tut, um Momo zurückzubekommen, ist die Motivation extrinsisch. Das illustriert den trivialen – eigentlich tautologischen – Umstand, dass man nur Freude an einer Tätigkeit hat, wenn man sie gerne tut.

Kreativität, so scheint es, beruht auf intrinsischer Motivation. Eine klassische Studie illustriert das. Eigentlich hatten Mark Lepper und seine Kollegen[3] nur eine erstaunliche Theorie der Motivationspsychologie überprüfen wollen: die Overjustification-Hypothese. Sie besagt Folgendes: Wenn wir ein Verhalten erklären wollen, akzeptieren wir nicht mehr als eine Ursache, und zwar die offensichtliche. Etwas konkreter: Wenn wir sehen, wie jemand irgendetwas tut, fragen wir uns womöglich, warum er das tut. Sofern wir keinen anderen Anhaltspunkt haben, nehmen wir an, dass er es einfach gerne tut. Erfahren wir aber, dass er dafür bezahlt oder dazu gezwungen wird, dann nehmen wir das als einzigen Grund an. Denn diese Annahme ist sparsamer als die, dass es mehrere Gründe für die Tätigkeit geben könnte, und sie ist offensichtlich.

Das Seltsame dabei ist: Dieser Jemand, der etwas tut und dessen Gründe wir nicht kennen, können auch wir selbst sein. Wir haben keine vollständige Einsicht in unsere Antriebe. Die Standardannahme ist, dass wir etwas um seiner selbst willen tun. Aber wenn es zusätzlich belohnt wird, dann schließen wir daraus, dass dies der wahre Grund für unsere Tätigkeit gewesen sei – und es uns in Wahrheit überhaupt keinen Spaß macht.

Edward Deci hatte das erstmals zwei Jahre zuvor an Erwachsenen demonstriert, die 3D-Puzzles lösten.[4] Dass sie das gern machten, sah Deci daran, dass sie auch in den Pausen nicht aufhören konnten. Bot er ihnen jedoch Geld dafür an, dann ließen sie in den Pausen die Finger davon. Ihre intrinsische Motivation war futsch, weil die extrinsische in den Vordergrund gerückt war.

Lepper und Kollegen machten einen ähnlichen Versuch mit Kindergartenkindern: Auf einem Tisch im Gruppenraum legten sie besondere Filzstifte (*Magic Marker*) aus. Sie beobachteten, wie lange jedes Kind damit spielte. Zwei Wochen später kamen sie wieder und baten die Kinder, die Interesse an den Stiften gezeigt hatten, ihnen etwas damit zu malen. Ein Drittel der Kinder bekam nur diese Aufforderung zu hören. Einem weiteren Drittel wurde zudem versprochen, für die Mitarbeit mit einer schicken, gold-rot geschmückten Urkunde belohnt zu werden, und bekam sie dann auch. Das letzte Drittel bekam sie ebenfalls, aber unangekündigt und demnach unerwartet.

Wieder zwei Wochen später legten die Forscher wieder ihre Stifte aus. Bei den beiden Kindergruppen, die man aus eigenem Antrieb hatte malen lassen (also unbelohnt oder unerwartet belohnt), war das Interesse gleich geblieben. Die Kinder jedoch, die um der Belohnung willen gemalt hatten, waren nur noch halb so interessiert an den Stiften. Und nicht nur das: Auch ihre Bilder waren, in den Augen unabhängiger Gutachter, deutlich schlechter.

Es ist ein glücklicher Zufall, dass diese motivationspsychologische Studie nebenbei auch Kreativität untersucht hat – und nicht etwa neuerlich das Puzzle-Lösen. Das hat einen eigenen Zweig der Kreativitätsforschung sprießen lassen. Insbesondere die Kreativitätsforscherin Teresa Amabile[5] hat wiederholt bestätigt, dass Menschen dann kreativ sind, wenn sie mit Freude bei der Sache sind. Werden sie hingegen extrinsisch motiviert, dann sinkt die Originalität der Erzeugnisse.

Bestätigt werden diese motivationspsychologischen Aussagen von der Differenziellen Psychologie. Will sagen: Nicht nur für jeden einzelnen Menschen macht es einen Unterschied, ob er ex- oder intrinsisch motiviert wird, sondern auch bezogen auf den Vergleich verschiedener Menschen. Eine starke intrinsische Motivation zum Lernen etwa ist bei Kindern und Jugendlichen eine über die gesamte Schullaufbahn hinweg erstaunlich stabile Charaktereigenschaft.[6] Und wenn man diese Eigenschaft neben den *big five* der Persönlichkeitspsychologie, die wir gestern kennengelernt haben, mit erfasst, dann erklärt sie den Einfluss der „Offenheit für Neues" auf die Kreativität.[7] Das heißt: Offene Menschen sind kreativ. Und wer sehr offen für Neues ist, ist meist auch stark intrinsisch motiviert. Einfach gesagt: Er ist neugierig, und da steckt die Gier ja schon drin. Zur Neugier als typisch intrinsisch motiviertem Verhalten werden wir später noch mehr erfahren.

Es leuchtet ein, dass wir dann die besten kreativen Leistungen vollbringen, wenn wir mit Freude bei der Sache sind. Und sogleich fallen uns die Künstler ein, die ihre großen Werke aus eigenem Antrieb erschaffen haben: Schubert, der Meisterwerk nach Meisterwerk zu Papier brachte, obwohl es nie zu mehr als Achtungserfolgen reichte. Kafka, der seine Geschichten vergessen und vernichtet sehen wollte. Van Gogh, der zu Lebzeiten kaum Gemälde verkaufte. Wittgenstein, der nur nach Klarheit strebte und dabei die Philosophie des 20. Jahrhunderts erfand.

Aber: Wären diese Vier und viele andere belangloses Mittelmaß geblieben, wenn man sie für ihre Arbeit anständig bezahlt hätte? Was ist mit den zahlreichen Künstlern, die es durch ihre Arbeit – und bisweilen mit viel Geschäftssinn – zu Reichtum gebracht haben: Dürer, Cranach, Picasso; Rossini, Verdi, Strawinsky, McCartney; Goethe, Schiller, Mann, Rowling ... – alles ideenlose Schmierfinken und Gebrauchskünstler? Ganz allgemein: Glauben wir wirklich, dass diejenigen Menschen, denen es gelungen ist, ihr Hobby zum Beruf zu machen, zutiefst unglücklich sind?

Natürlich nicht. Dem Klischee vom weltentrückten Künstler eignet etwa soviel Wahrheit wie dem Klischee vom verrückten Genie: Es gibt beide, sie sind aber nicht typisch. Wenn alle Kreativität sofort perdu wäre, sobald man damit Geld verdient, dann bliebe von der vielgerühmten sogenannten „Kreativwirtschaft" nur eine zerplatzte Ballonhülle. Intrinsische und extrinsische Motivation, so viel ist klar, können einander nicht ausschließen. Es ist kein Entweder-oder, kein Schwarz oder Weiß.

Tatsächlich haben Erfinder und Künstler auf die Frage, was sie antreibt, immer wieder sowohl intrinsische (Schönheit, Selbstverwirklichung, Neugier) als auch extrinsische (Geld, Ruhm) Gründe angegeben.[8] Ein schlagendes Beispiel für Letzteres ist der amerikanische Schriftsteller Mario Puzo. Er bekundete in einem Interview, etliche seiner Werke nur geschrieben zu haben, weil er Geld brauchte. Er hatte fünf Kinder und war leidenschaftlicher Spieler – da zerrinnen die Dollars nun einmal wie Sand. Ergebnis dieser Geldnot waren u. a. der raffiniert erzählte Roman „Der Pate" und die Drehbücher dazu. Für diese erhielt er zweimal einen Oskar.

Es ist also durchaus nicht so, dass durch extrinsische Belohnung jegliche intrinsische Motivation und damit jegliche

Kreativität abgetötet wird (das können Sie Ihrem Chef sagen, wenn er Ihnen eine Gehaltskürzung verspricht, damit Ihnen die Arbeit mehr Spaß macht). Man kann sogar das Gegenteil erreichen, wenn man nur die Anweisung etwas ändert: Lepper und Kollegen hatten ja gesagt: „Du wirst belohnt, wenn du was malst." Sagen Sie stattdessen: „Du wirst belohnt, wenn du was *Kreatives* malst" – und schon werden die Ergebnisse besonders gut.

Andere Studien zeigen, dass es durchaus möglich ist, sich gegen den verderblichen Einfluss extrinsischer Motivation zu immunisieren.[9] Schon Grundschulkinder kann man Techniken lehren, wie sie an unfreiwilligen Tätigkeiten Spaß gewinnen, ihnen also eine intrinsische Motivation unterlegen können. In einem Versuch sahen sie zunächst einen Videofilm, in dem sich zwei Kinder mit einem Erwachsenen über Hausaufgaben unterhielten, und diskutierten anschließend mit einem Versuchsleiter darüber, wie sie lästigen Arbeiten lustige, spielerische Aspekte abgewinnen könnten. Dann erzählten sie eine Geschichte – und die war sogar besonders einfallsreich, wenn ihnen dafür eine Belohnung versprochen wurde. Das bedeutet: Wenn man es richtig anstellt, dann verdrängt die extrinsische Motivation nicht die intrinsische, sondern dann ergänzt sie diese sogar.

Belohnungen sind also durchaus nicht immer schädlich. Sie sind wie der Wind: Von vorne kann er lästig sein, aber wenn man ihn geschickt einfängt, kann man ihn für den Vortrieb nutzen. Ein Motor dagegen treibt einen bei jedem Wetter voran. Doch anders als beim Segelboot, bei welchem der Diesel immer nur das tuckernde notwendige Übel ist, läuft Kreativität nicht ohne intrinsische Motivation.

Der neuronale Motor

Im Gehirn – so scheint es – laufen extrinsische und intrinsische 'Motivation ohnehin auf denselben Mechanismus zusammen, wie Muskelkraft und Motorkraft gemeinsam auf das Tretlager eines Elektrofahrrads einwirken.

Das Tretlager des Gehirns befindet sich im Mittelhirn (Abb. 1). Der bauchseitige (lateinisch: ventrale) Anteil des Mittelhirns heißt (aus völlig unklaren Gründen) Tegmentum, und darin befindet sich ein Gebiet (eine Area) mit Neuronen, die den Botenstoff Dopamin verwenden: Das ist also die ventrale tegmentale Area, kurz die VTA. Wir sind ihr früher bereits kurz begegnet: Genetische Studien hatten darauf hingewiesen, dass Dopamin etwas mit Kreativität zu tun hat. Diesen Hinweis können wir nun auch funktional erhärten.

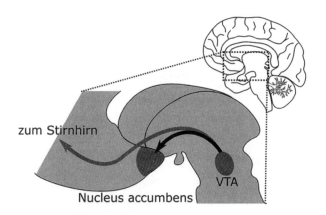

Abb. 1 Die VTA im Mittelhirn entsendet Axonen, die Dopamin ausschütten, einerseits ins Stirnhirn, andererseits in den Nucleus accumbens

Aus der VTA ziehen Fasern in zwei Gebiete: zum einen in den gestern bereits gründlich untersuchten präfrontalen Cortex, zum anderen in einen kleinen Kern im ventralen Vorderhirn, der zu den tief in den Hemisphären verborgenen Basalganglien gezählt wird: den Nucleus accumbens (den „sich hinlegenden Kern" – selten hat eine anatomische Bezeichnung funktional schlechter gepasst). Wenn die Dopaminfaserbahn in unserem Bild die Fahrradkette ist, dann ist der Nucleus accumbens die Nabe. Um ihn dreht sich alles.

Um die Funktion dieses Antriebssystems, das man auch als „mesolimbische Dopaminbahn" bezeichnet, zu erfassen, hilft ein Blick auf seine Entdeckungsgeschichte. In den Fünfzigerjahren fragten sich Forscher, wie Belohnungen im Gehirn kodiert werden. Wenn man Versuchstiere dadurch zu einem Verhalten trainiert, dass man sie dafür belohnt, dann müssen all die verschiedenen denkbaren Belohnungen ja irgendwo in neuronale Signale umgesetzt werden. Die Wissenschaftler suchten: Sie senkten bei frei beweglichen Ratten durch ein Loch im Schädel Elektroden in das Gehirn ab und sandten Stromstöße aus, um an der Elektrodenspitze die Nervenzellen zu erregen. So im Gehirn herumstochernd, fanden sie Gebiete – nämlich eben die Bestandteile der mesolimbischen Dopaminbahn nebst einigen anderen –, mit deren Reizung sie ein Tier belohnen konnten. In der extremen Anwendung konnten sie das Verhalten einer Ratte damit quasi kurzschließen: Ein Hebel im Käfig des Tieres schloss den Stromkreis für die Elektrode in der Dopaminbahn. Sobald die Ratte den Hebel entdeckt und erstmals gedrückt hatte, tat sie von da an nichts anderes mehr. Sie hörte auf, zu fressen und zu trinken oder Artgenossen wahrzunehmen. Hätten die

Wissenschaftler den Strom nicht abgestellt, dann hätte die Ratte den Hebel gedrückt, bis sie tot hingesunken wäre.

Mittlerweile weiß man, dass die Dopaminausschüttung im Nucleus accumbens weniger das Signal vermittelt: „Das ist schön!", als vielmehr: „Mach das weiter!". Für „Das ist schön!" gibt es andere Neuronen im Nucleus accumbens, die den Neurotransmitter GABA in einen ganz anderen Kern im Hirnstamm ausschütten. Dieses zweite System hat mit dem körpereigenen Opiatsystem zu tun, und die Annahme erscheint naheliegend, dass es intrinsische Motivation vermittelt – also das Schön-Finden oder den Genuss dessen, was man gerade tut.[10] Aber ach: Es gibt keinerlei experimentelle Bestätigung für diese einleuchtende Vermutung, und so müssen wir sie leider als falsche Spur betrachten und zur Dopaminbahn zurückkehren.

Was die Dopaminneuronen in der VTA genau kodieren, ist vorwiegend dank der Arbeit von Wolfram Schultz in Cambridge aufgeklärt worden.[11] Er platzierte bei Makaken Ableitelektroden in die VTA und beobachtete so das Feuern der Neuronen, die eine gewisse Spontanaktivität zeigen, also ständig ein bisschen feuern. In unregelmäßigen Abständen und damit unvorhersagbar bekamen die Affen einen Tropfen Saft. Dann feuerten die Zellen deutlich stärker. Nun führte Schultz einen Reiz ein, der den Safttropfen ankündigte: Nach einer kurzen Lernphase reagierten die Dopaminneuronen nun auf den Reiz, im Gegenzug blieben sie vom Saft selbst ungerührt. Aber wehe, der Saft blieb – trotz Ankündigung – aus: Dann sank die Feuerrate der Zellen zu dem Zeitpunkt, an dem der Saft hätte kommen sollen, noch unter die Spontanaktivität. Die Zellen verstummten vorübergehend.

Diese Beobachtungen legen nahe, dass die Dopaminneuronen in der VTA einen *reward prediction error* kodieren: Sie feuern verstärkt, wenn etwas besser ist als erwartet;
ihr Feuern bleibt unverändert, wenn es genauso kommt wie
erwartet; und sie verstummen, wenn etwas schlechter kommt
als erwartet. In verschiedenen Simulationen haben Wissenschaftler gezeigt, dass so ein Signal sehr nützlich ist, wenn ein
handelndes System ein Verhalten lernen soll. Stellen Sie sich
etwa vor, sie schießen auf eine Torwand. Wenn Sie das nicht
geübt haben, dann treffen Sie zunächst einmal kein Loch. Sie
versuchen es so und so, und dann geht der Ball einmal in die
Nähe eines Lochs oder vielleicht sogar hindurch: Das Ergebnis ist besser als erwartet; die Dopaminneuronen feuern,
und der Nucleus accumbens gibt das Signal weiter, dass diese
Bewegung verstärkt werden soll. So lernen Ihre Nervenzellen, die erfolgreiche Schussbewegung zu wiederholen. Das
geschieht jedes Mal, wenn Ihre Schüsse besser werden, und so
lernen Sie langsam, aber sicher, die Löcher zu treffen.

Bei näherer Betrachtung kann die mesolimbische Dopaminbahn sogar noch mehr als bloß: Daumen rauf – Daumen
waagerecht – Daumen runter. In einer ganz aktuellen Untersuchung steckten Hamid und Kollegen[12] Ratten Sonden in
den Nucleus accumbens, durch die sie dort mit hoher zeitlicher Auflösung die Dopaminkonzentration messen konnten.
Dann schickten sie die Ratten in eine mehrstufige Lern-
aufgabe, in der sie Schritt für Schritt der Belohnung näher
kamen. Dabei war die Belohnung anfangs noch unsicher. Erst
kurz vor Ende erfuhren die Ratten, ob sich der Durchlauf für
sie lohnen würde. Die Dopaminkonzentration im Nucleus
accumbens entsprach zu jedem Zeitpunkt dem aktuellen
Erwartungswert der Belohnung. Will heißen: Einerseits stieg

die Dopaminkonzentration, je näher die Ratte der Belohnung kam. Ein Sonnenblumenkern sofort ist mehr wert als ein Sonnenblumenkern in ein paar Minuten. Andererseits machte die Dopaminkonzentration einen Sprung nach oben, wenn ein Signal versprach, dass am Ende tatsächlich eine Belohnung wartete: Der sichere Sonnenblumenkern ist mehr wert als der vielleichtige Sonnenblumenkern. Die Dopaminkonzentration im Nucleus accumbens sagt dem Gehirn also, wie viel eine erwartete Belohnung jetzt gerade wert ist.

Das also ist das Antriebssystem in unserem Gehirn. Solange der Erwartungswert, repräsentiert durch die Dopaminkonzentration im Nucleus accumbens, hoch ist oder noch steigt, bleibt man an der Sache dran. Diese Endstrecke der Motivation ist immer dieselbe. Was intrinsische von extrinsischer Motivation unterscheidet, muss vorher passieren, in den kortikalen Gebieten, die das Signal zum Feuern an die Dopaminzellen geben.

Neugierige Neuronen

Unter anderem sahen Hamid und Kollegen, dass die Dopaminausschüttung im Nucleus accumbens einen großen Sprung nach oben machte, wenn ein weiteres Signal die Gewissheit gab, dass die Runde diesmal mit einer Belohnung enden würde. Die Ratten erhielten eine Information, welche die Ungewissheit über das Ergebnis verringerte, und als Folge feuerten die Dopaminneuronen. Diese Beobachtung passt zu Untersuchungen, die in den letzten Jahren parallel liefen und sich damit befassen, wie intrinsische Motivation im Gehirn funktioniert.

Dopamin wird im Nucleus accumbens nämlich nicht nur ausgeschüttet, wenn eine materielle Belohnung winkt. Gelegentlich steigt die Aktivität der Neuronen in der VTA auch dann, wenn etwas Unerwartetes, etwas Neues geschieht.[13] So werden also die Suche nach Neuem und die Beschäftigung damit belohnend. Aber warum? Neue Reize sind ja selbst nicht unbedingt lecker. Davon, dass Sie dieses Buch hier lesen, werden Sie nicht satt. Warum tun Sie es trotzdem?

Der jüngste und vielleicht umfassendste Versuch, intrinsische Motivation neurobiologisch zu erklären, hat sich bezeichnenderweise mit der Neugier beschäftigt.[14] Neugier ist stets intrinsisch motiviertes Handeln: Während man unbekannte Umwelten erkundet und fremdartige Spuren verfolgt, kann man ja noch nicht wissen, ob am Ende überhaupt eine Belohnung zu finden ist. Verlockend ist die Suche selbst, der Reiz des Neuen, der Zauber der Entdeckung. Es ist befriedigend – oft gar erfüllend –, seiner Neugier nachgehen zu können. Die Neigung, das zu tun, haben wir unter der etwas umständlicheren Bezeichnung „Offenheit für Neues" kennengelernt; und dies ist das Hauptmerkmal kreativer Menschen. Hier fügt sich also eines zum anderen: Eine starke intrinsische Motivation erlaubt es, sich auf neue und unsichere Wege zu wagen. Nur solche Wege führen vielleicht zu neuen Einsichten und kreativen Lösungen.

Dass sich Daddaoua und Kollegen in ihrer Arbeit der Neugier gewidmet haben, ist also für die Kreativitätsforschung ein Glücksgriff gewesen, aber kein ganz zufälliger. Die Idee hinter ihrem Versuch, den sie mit Affen durchführten, war eigentlich ganz einfach: Stellen Sie sich vor, Sie sitzen vor einem Bildschirm. Ein aufblinkendes Kreuz signalisiert

Ihnen, dass eine neue Runde begonnen hat. Es folgt ein Signal, das Ihnen mitteilt, ob Sie am Ende der Runde eine Belohnung bekommen. Dabei gibt es drei Möglichkeiten: ja (100 %), vielleicht (50 %), nein (0 %). Egal, was Sie jetzt machen: Das Ergebnis steht fest. Aber bis es soweit ist, können Sie noch hinter drei Verstecken nach einem weiteren Signal suchen, das Ihnen völlige Sicherheit gibt: ja oder nein.

Werden Sie suchen? Und wenn ja: Wann suchen Sie am eifrigsten?

Daddaoua und Kollegen entwarfen dieses Paradigma aus zwei Gründen: Erstens ist hier das Verhalten der Probanden (Affen) unabhängig von der extrinsischen Belohnung. Egal, ob sie nach Sicherheit suchen oder nicht, es steht längst fest, ob sie eine Belohnung bekommen. Was immer die Affen tun: Es muss intrinsisch motiviert sein.

Und zweitens erlaubt es, zwischen zwei Motivationen zur Neugier zu unterscheiden, die diskutiert werden: Suchen wir nach Informationen, weil wir die Unsicherheit verringern wollen? Dann müssten wir das zweite Signal dann am häufigsten suchen, wenn das erste Signal „vielleicht" gesagt hat. War das erste Signal hingegen schon „ja" oder „nein", dann hätte weiteres Suchen nach Informationen keinen Sinn und sollte unterbleiben. – Oder suchen wir nach weiteren Informationen, weil das zweite Signal bereits mit der Belohnung assoziiert ist und daher seinerseits belohnend wirkt? Hat, sozusagen, die Belohnung auf ihre Vorboten abgefärbt? Wollen wir schon mal ein bisschen Vorfreude? Dann sollten wir umso mehr nach dem zweiten Signal suchen, je mehr das erste die Belohnung versprochen hat: bei „ja" mehr als bei „vielleicht". Und in beiden Hypothesen am wenigsten bei „nein".

Die Natur zeigte sich, wie so oft, versöhnlich: Beides stimmt. Die Affen suchten am intensivsten nach mehr Informationen, wenn sie zuerst nur „vielleicht" gesehen hatten. Also wollten sie ihre Unsicherheit verringern. Aber wenn das erste Signal „ja" gelautet hatte, war ihre Suche zwar etwas weniger rigoros, aber immer noch stark, viel ausgeprägter als bei „nein". Etwas Vorfreude war also auch dabei.

Intrinsisch motiviertes Verhalten greift also auch auf die neuronalen Verbindungen zurück, die extrinsische Motivation vermitteln. Denn nichts anderes ist die „Vorfreude": eine klassisch konditionierte Assoziation zwischen dem Reiz und der Belohnung. Wie bereits angedeutet, bestätigen neurobiologische Untersuchungen, dass dann, wenn Versuchstiere ihrer Neugier nachgehen, tatsächlich das Verstärkungssystem im Gehirn aktiv ist. Eine Arbeitsgruppe um Ethan Bromberg-Martin und Okihide Hikosaka hat das in den letzten Jahren genauer untersucht.[15] Sie benutzten ein ähnliches Paradigma wie Daddaoua und Kollegen: Affen saßen vor einem Bildschirm, bekamen nach einigen Sekunden eine Belohnung (Wasser) und konnten vorher anhand aufscheinender Figuren erfahren, ob die Belohnung klein oder groß ausfallen würde. Immer bevorzugten die Affen Wissen vor Unwissen, und immer auch sofortige Information vor späterer Information.

Zusätzlich maßen die Wissenschaftler, wie Wolfram Schultz, die neuronale Aktivität in den Dopaminneuronen der VTA. Wie erwartet, kodierte das Feuern der Neuronen die Belohnungserwartung: Ein Signal, das eine große Belohnung ankündigte, ließ die Neuronen stärker feuern als eines, das eine kleine Belohnung versprach. Eines, das gar keine

Informationen enthielt, führte nicht zu einem Unterschied. Wenn die Belohnung dann kam, war genau das Gegenteil zu beobachten: Die angekündigten Belohnungen, ob klein, ob groß, ließen die VTA-Neuronen kalt. Die unangekündigten, großen hingegen sorgten für aufgeregtes Neuronenfeuern.

So weit, so erwartbar. Interessant war aber, dass die Neuronen vorher schon aktiv wurden. Nämlich schon, wenn dasjenige Zeichen auf dem Bildschirm erschien – oder sie es auswählten (wenn eine Wahl bestand) –, das sichere Information versprach. Ein anderes Signal, das unbrauchbare Zufallsinformation ankündigte, ließ die Dopaminneuronen ungerührt. Nur das Versprechen sicheren Wissens war an sich bereits belohnend.

Nun sind Dopaminneuronen in der VTA keine Hellseher. Sie fangen den erwarteten Wert einer Belohnung selbstverständlich nicht über ominöse Schwingungen auf, sondern werden ihrerseits durch Nervenzellen aus anderen Teilen des Gehirns angeregt. Das Verstärkungssignal der Dopaminzellen ist bereits in hohem Maße verarbeitet und abstrakt. Es weiß nichts mehr davon, worin die erwartete Belohnung besteht; es unterscheidet auch nicht mehr zwischen einer sicheren kleinen und einer unsicheren großen Belohnung. Dagegen werden diese verschiedenen Aspekte in vorgeschalteten Gehirngebieten zunächst noch getrennt verarbeitet und erst auf der Endstrecke zur VTA miteinander verrechnet.

Eine maßgebliche Struktur bei dieser Vorverarbeitung ist ein Teil des präfrontalen Cortex, nämlich der orbitofrontale Cortex, der dem Schädelboden ungefähr über der Nasenwurzel aufliegt. Bromberg-Martin nutzte wieder das

Neugier-Paradigma an zwei Affen und zeigte in einer späteren Studie kürzlich, dass die verschiedenen Aspekte, die eine nützliche Information so erstrebenswert machen, von den Neuronen des orbitofrontalen Cortex noch getrennt verarbeitet werden: Manche Zellen zeigen mit ihrer Aktivität die Zuverlässigkeit der Information an, andere die Belohnungsgröße, die sie ankündigt.[16]

Dass der präfrontale Cortex anhand aller verfügbaren Indizien die Entscheidung darüber trifft, welches Verhalten Erfolg verspricht und daher beibehalten wird, ist nicht erstaunlich. Wie wir am Vortag bereits erfahren haben, ist Handlungsplanung genau seine Aufgabe: Der präfrontale Cortex greift auf alle vorverarbeiteten Informationen aus den anderen Gebieten der Hirnrinde zurück, berücksichtigt zeitliche, räumliche und moralische Grenzen und Möglichkeiten und entwickelt zwischen all diesen Einschränkungen eine gangbare Strategie.

Da aber sogar der präfrontale Cortex des Menschen, der anteilig größer ist als bei jedem anderen Tier, damit überfordert wäre, alle Eventualitäten wie ein Schachcomputer zu durchdenken, vertraut er bei komplexen Entscheidungen meist dem Bauchgefühl: Er greift auf die emotionalen Signale des Körpers zurück, die unbewusst bereits auf anstehende Entscheidungen geantwortet haben.[17] Der Abschnitt des großen präfrontalen Cortex, der auf diese Weise sozusagen sein Ohr am Bauch hat, ist ziemlich deckungsgleich mit dem orbitofrontalen Cortex, nämlich der ventromediale präfrontale Cortex. Ob der vom orbitofrontalen Cortex zu unterscheiden ist oder ihn umfasst, darüber streiten die Gelehrten, daher sagen wir hier im Folgenden einfach: das untere Stirnhirn.

Lust und Unlust

Das untere Stirnhirn schätzt also ab, wie lohnend eine Tätigkeit ist. Wie wichtig diese Aufgabe ist und was passiert, wenn das untere Stirnhirn dabei versagt, zeigen Menschen, bei denen das untere Stirnhirn beschädigt ist. Sie sind außerstande, langfristig richtige Entscheidungen zu treffen, sondern greifen stets nach der kurzfristig verfügbaren Belohnung. Eine Arbeitsgruppe um den herausragenden Neurobiologen Karl Deisseroth hat kürzlich gezeigt, welche Bedeutung einer Region im Rattengehirn, die dem unteren Stirnhirn des Menschen funktional entspricht, für die Motivation zukommt, an einer Aufgabe dranzubleiben[18]:

Man wies zunächst mit technisch sehr anspruchs- und reizvollen Methoden[19] nach, dass die Dopaminausschüttung in den Basalganglien (hier nicht im Nucleus accumbens, sondern in einem benachbarten, verwandten Gebiet) Ratten ein Verhalten weiterführen lässt, bei dem eine Belohnung zu erwarten ist. Dann störten sie die Signalverarbeitung im Stirnhirn – und sowohl die neuronal messbare Wirkung von Dopamin in den Basalganglien als auch seine Wirkung auf das Verhalten blieben aus. Die Ratten hatten keine Lust mehr, obwohl das Dopamin ihnen sagte, dass es sich lohnen würde dranzubleiben.

Für Deisseroth und seine Kollegen ist diese Unfähigkeit, sich zu einem lohnenden Unterfangen aufzuraffen, ein Tiermodell der Anhedonie. Anhedonie ist ein psychiatrischer Begriff, der ein Symptom verschiedener Erkrankungen (z. B. der Depression) beschreibt – eben diese Antriebslosigkeit und Lustlosigkeit, die Unfähigkeit, Genuss zu empfinden. Anhedonie ist also genau das Gegenteil von dem, was wir brauchen, um kreativ zu sein. Sie ist das Gegenteil von intrinsischer Motivation. Es liegt daher nahe, dass Gehirngebiete, deren Fehlfunktion Anhedonie auslösen, bei gesunder Funktion die Lust am Tun erzeugen. Tatsächlich findet man bei Menschen mit einer schweren Depression Störungen im unteren Stirnhirn und im Nucleus accumbens.

Funktionsstörungen im unteren Stirnhirn, die sich vermutlich auf den Nucleus accumbens auswirken, machen Menschen (und Ratten) also lustlos und damit wahrscheinlich unkreativ. Leider ist das einerseits nicht das, was wir erreichen wollen. Wir wollen ja nicht unkreativ machen, sondern kreativ. Und andererseits beweist es noch nicht viel: Funktionsstörungen in beiden Händen machen einen Maler auch unkreativ, aber damit ist nicht bewiesen, dass die Kreativität in den Händen sitzt.

Etwas aufschlussreicher ist daher zum Beispiel eine Studie, die Künstler und Schizophrene in Bezug auf ihre Schizotypie verglich.[20] Sie erinnern sich: Schizotypie war das postulierte Konstrukt einer Persönlichkeitsdimension, die wie eine Grauskala von strunzgesund bis schizophren reicht. Künstler, so wurde vermutet, stehen auf dieser Skala den Schizophrenen näher als, sagen wir, Buchhalter.

Sie erinnern sich bestimmt ferner, dass Schizotypie neben Unterkategorien, die typische schizophrene Denk- und Verhaltensweisen erfassen („ungewöhnliche Erfahrungen", „impulsive Nonkonformität" und „desorganisiertes Denken"), auch noch die Unterkategorie „Anhedonie" enthält. In den drei Denkkategorien waren sich Künstler und Schizophrene laut dieser Studie tatsächlich ähnlich. Aber die Anhedonie war bei Künstlern nicht nur deutlich geringer als bei den Schizophrenen, sondern auch deutlich geringer ausgeprägt als bei gesunden Nichtkünstlern.

Im Prinzip bestätigt dies nur das, was wir eingangs schon sagten: Kreative Menschen haben Lust, etwas zu erschaffen. Aber die Studie geht noch weiter und erhebt diese Schaffenslust in den Rang einer Persönlichkeitseigenschaft. Die Anhedonie, die da als Teil der Schizotypie getestet wurde, bezog sich ja nicht nur auf die Schaffenslust oder -unlust, sondern auf den inneren Antrieb insgesamt. Kreativität, so scheint es, speist sich aus einem inneren Feuer.

Und hier ist es endlich an der Zeit, auf den eigentlich einzigen soliden und wiederkehrenden Befund zum Zusammenhang von Kreativität und Geisteskrankheit zurückzukommen: In vielen verschiedenen Studien über die Jahrzehnte hinweg ist die eine psychiatrische Erkrankung, die immer wieder mit Kreativität assoziiert wird, die bipolare Störung. Also das, was man vor Erfindung der *political correctness* „manisch-depressive Erkrankung" genannt hat: eine Stimmungsstörung, bei der Betroffene unkontrolliert in Phasen tiefer Schwermut oder überdrehter Euphorie verfallen. Dazwischen kommen teils lange Phasen relativer Ausgeglichenheit vor, aber es gibt die Vermutung, dass auch in diesen Phasen die Stimmung noch von der vorangegangenen Krankheitsepisode bestimmt wird.

Die Stimmungsschwankungen beruhen wahrscheinlich auf hin und her kippenden Ungleichgewichten in der Funktion just der Gehirngebiete, die wir im Zusammenhang mit Motivation gerade ausführlich kennengelernt haben: in den Teilen des unteren Stirnhirns und im Nucleus accumbens. Während der manischen Phasen sind bipolar Erkrankte rastlos und ungeheuer produktiv. Es ist nur nicht alles sonderlich durchdacht und wertvoll, was dabei herauskommt. Anders ist das in den Zwischenphasen mit leichter Hochstimmung, der sogenannten „Hypomanie". In dieser Stimmung sind Betroffene wieder zu Selbstreflexion und vernunftgeleitetem Arbeiten fähig, aber noch voller Energie. Auch wenn eine bipolare Erkrankung überstanden ist, sind die Betroffenen oft überdurchschnittlich ehrgeizig.[21]

Berühmte Künstler, die – meist posthum und entsprechend unsicher – als bipolar diagnostiziert worden sind, sind Schumann, Tschaikowski, Rachmaninow, Gauguin, van Gogh, Pollock, Hemingway, Woolf und – mit einer milderen Form – vielleicht Goethe, der Clärchen im „Egmont" die berühmteste Beschreibung der Krankheit in den Mund legte: „himmelhoch jauchzend, zu Tode betrübt". Auch seinem Freund Schiller scheinen solche Stimmungsschwankungen nicht fremd gewesen zu sein, wenn er in einem Brief klagt, sein Inneres sei eine „fatale fortgesetzte Kette von Spannung und Ermattung, Opiumschlummer und Champagnerrausch".

Außerdem weisen zahlreiche Studien darauf hin, dass u. U. gar nicht die Erkrankten selbst sonderlich kreativ sind, dafür aber ihre nächsten Verwandten. Wie schon diskutiert, haben viele psychiatrische Erkrankungen, darunter auch die bipolare Störung, eine gewisse genetische Grundlage. Verwandte von Erkrankten haben daher womöglich eine Veranlagung zur bipolaren Störung, die nicht ausreicht, um die Krankheit ausbrechen zu lassen, aber durchaus genügt, um kreative Schaffenslust bereitzustellen.

Es sind auch nicht nur Künstler überdurchschnittlich häufig bipolar erkrankt; auch das Umgekehrte gilt: Erkrankte wählen häufiger als Gesunde einen kreativen Beruf oder ein gestalterisches Hobby, sie erreichen mehr auf kreativem Gebiet und halten sich auch selbst für kreativer.[22]

Nun sollte man dabei nicht vergessen, dass es sich hier um statistische Effekte handelt: Die Überlappungsbereiche zwischen gesunden und manisch-depressiven Menschen sind groß, und weder sind alle Kreativen bipolar noch alle Bipolaren kreativ. Unter der Gesamtbevölkerung findet man ca. 1–2 % an einer bipolaren Störung Erkrankte, unter Künstlern ungefähr 8 %: Das lässt eine solide Mehrheit von 92 % gesunden Künstlern übrig. (Allerdings listet der sehr gute Übersichtsartikel von Johnson und Kollegen (2012) auch Studien auf, die in bestimmten Stichproben zu höheren Zahlen kommen. Unter berühmten ungarischen Dichtern zum Beispiel hatten angeblich 67,5 % eine bipolare Störung.)

Trotz aller Vorsicht weist aber die stabile Verbindung zwischen Kreativität und bipolarer Störung darauf hin, dass die neuronalen Systeme, welche die Stimmung modulieren, einen erheblichen Einfluss auf die schöpferische Produktion ausüben. Das untere Stirnhirn, mit dem Belohnungswahrscheinlichkeit eingeschätzt wird und das Einfluss auf die Dopaminausschüttung im Nucleus accumbens hat, scheint das Feuer unter dem Kessel der Gedanken zu sein.

Für die zentrale Rolle des Dopaminsystems bei der Kreativität spricht auch der am Vortag erwähnte Befund, dass eine bestimmte Bauform des Dopaminrezeptors häufiger bei Kreativen gefunden wird; und diese Bauform steigert die Belohnungserwartung.[23] Auch die Wirkung von Kokain, das – zumindest dem Klischee nach – die Kreativdroge schlechthin ist, passt dazu, denn es erhöht die Dopaminwirkung. Und nicht zuletzt bestätigen das auch physiologische

Studien, die direkt den Zusammenhang von Stimmung und Kreativität untersuchen.

Dabei kommen gelegentlich sehr eigenwillige Maße der Dopaminaktivität zum Einsatz. Wussten Sie, dass die Häufigkeit, mit der Leute mit den Augen blinzeln, davon abhängt, wie viel Dopamin in ihrem Gehirn gerade ausgeschüttet wird? Und das wiederum korreliert direkt mit der Stimmung. Also: je zwinker-zwinker, desto fröhlicher. Falls Sie also einmal Schwierigkeiten haben, die Laune Ihres Gegenüber einzuschätzen, zählen Sie eine Minute lang die Lidschläge. Sind es weniger als zehn, dann ist er wahrscheinlich eher schlecht drauf. Zwischen zehn und dreißig liegt der Bereich ausgeglichener, guter Laune. Und blinzelt er mehr als vierzig Mal in der Minute, ist er vermutlich völlig überkandidelt.

Die Kreativität ist bei mittlerer Stimmung (20 Lidschläge) am höchsten.[24] Das ist die umgekehrte U-Kurve, wie wir sie bereits beim Zusammenhang von Geisteskrankheit und Kreativität kennengelernt haben. Gemessen wurde hier die Flexibilität im divergenten Denken. Wenn die Probanden gebeten wurden, ein paar Sätze über ein heiteres oder ein trauriges Ereignis ihres Lebens aufzuschreiben, stieg oder sank damit die Lidschlagrate, und die Flexibilität änderte sich entsprechend: Wer mit einer niedrigen Lidschlagrate angefangen hatte, wurde deutlich flexibler, wenn er an etwas Fröhliches dachte; bei denen, die ohnehin schon gut gelaunt waren, änderte sich nichts.

Eine mittlere Dopaminaktivierung bei ausgeglichener Stimmung fördert also das divergente Denken und die kreative Produktion. Andere Formen der Kreativität – nämlich die Fähigkeit, Probleme durch Einsicht zu lösen – scheinen dagegen anders zu funktionieren. Sie profitieren eher von schlechter Laune. Mehr soll dazu hier noch nicht verraten werden. Aber Sie sollten darauf gefasst sein, dass die Zusammenhänge am Ende weniger einfach sind, als sie auf den ersten Blick aussehen.

Wenn's fließt

Hier untersuchen wir erst einmal nur die neuronalen Mechanismen, die uns zum Schaffen treiben. Und da gibt es keinen erkennbaren Zweifel daran, dass eine stärkere Dopamin-Ausschüttung die Laune und die Schaffenskraft hebt. Im Idealfall erreicht man jenen Zustand der konzentrierten Hochstimmung, für den Mihaly Csikszentmihalyi den Begriff „Flow" geprägt hat.[25]

Gekannt und auf ihre Weise benannt haben die Menschen diesen erstrebenswerten Zustand schon zuvor, aber der Name „Flow" trifft es in seiner Kürze überaus gut. Es ist der Zustand, wenn man völlig in einer Aufgabe aufgeht, die man beherrscht, die einen also weder über- noch unterfordert. Es ist das Erlebnis, darüber alles andere um sich herum zu vergessen. Im äußersten Fall vergisst man sogar sich selbst, befindet sich wie in einer Bewusstlosigkeit, in welcher der Körper von selbst zu wissen scheint, was er zu tun hat – und es perfekt tut.

Im Flow vergisst man auch die Zeit. Eine Studie wies das am banalen Beispiel des Tetris-Spiels nach.[26] Über die Geschwindigkeit, mit welcher die Bauteile vom Himmel fallen, lässt sich hier das Anforderungsniveau einfach steuern. Spieler wurden für eine bestimmte Zeit entweder mit zu langsamem Steineregen gelangweilt oder mit hektischem Niederprasseln überfordert oder auf einem Niveau gehalten, bei dem sie das

Gefühl hatten, gerade noch Herr der Lage zu sein. Unter dieser letzteren Bedingung schätzten sie die verstrichene Zeit anschließend um ein Viertel kürzer ein, als wenn sie gelangweilt oder gestresst worden waren.

Diese Beschreibungen illustrieren die Bedingungen, unter denen nach Csikszentmihalyi Flow eintritt:

- Die Tätigkeit hat ein klares Ziel. Bei Tetris ist das Ziel unspektakulär – Steine einpassen, Reihen füllen. Doch wenn man etwas (er)schafft, steckt das Ziel bereits in der Unternehmung: ein Porträt, eine spannende Kurzgeschichte, eine Hypothese über einen Sachverhalt.
- Es gibt eine unmittelbare Rückmeldung. Der Tetrisspieler sieht sofort und laufend, ob er seine Sache gut gemacht hat. Ebenso merkt der Maler, dass seine Striche sicher sitzen, der Schriftsteller, dass die Worte treffen, der Wissenschaftler, dass sein Versuchsdesign elegant ist.
- Die Fähigkeiten sind den Anforderungen angemessen. Genau so wurde Flow ja in diesem Beispiel erzeugt: Die Steine fielen stets mit einer solchen Geschwindigkeit, dass die Spieler gerade noch mitkommen konnten. In anderen Studien zum Flow lässt man Rechenaufgaben lösen und passt deren Schwierigkeit laufend der Rechenfähigkeit jedes einzelnen Probanden an. In ähnlicher Weise ist ein guter Künstler im Flow, wenn er sich einer Aufgabe stellt, die all seine Fertigkeiten fordert, ein Wissenschaftler, wenn sich die Komplexität seines Fachgebietes beim Schreiben vor dem inneren Auge ordnet. – Sind hingegen die Anforderungen zu hoch (oder die Fähigkeiten zu schwach), dann wird man überfordert und gestresst und fühlt sich denkbar unwohl; sind die Anforderungen zu

niedrig für die Fähigkeiten, dann langweilt man sich bei der Tätigkeit. Flow tritt in beiden Fällen nicht ein.

- Das Denken ist ganz beim Handeln. Im Flow ist man nicht abgelenkt; man denkt nicht über andere Dinge nach, während man seiner Tätigkeit nachgeht. Wie ein Zenmeister ist man vollständig auf das Hier und Jetzt konzentriert.

- Es gibt keine Versagensangst. Das folgt aus den beiden vorherigen Punkten: Im Flow ist man seiner Aufgabe gewachsen; zugleich ist man vollständig auf sie konzentriert und grübelt mithin nicht darüber nach, was wäre, wenn es nicht klappte. Dass diese Art von Selbstreflexion ausgeschaltet ist, ist ein bemerkenswertes und typisches Merkmal von Flow.

- Daraus ergibt sich die Selbstvergessenheit: Man denkt bei der Tätigkeit nicht über sich selbst nach, auch die eigenen körperlichen Bedürfnisse treten in den Hintergrund. Man schreibt und schreibt weiter, obwohl irgendwann einmal der Magen geknurrt hat; man geht so vollkommen in den Experimenten oder dem Schaffensrausch auf, dass man alles vergisst.

- Auch die Zeit. Das Tetris-Experiment hat das illustriert: Im Flow kam den Spielern die Zeit viel kürzer vor. Künstler versenken sich in ihre Arbeit und staunen, wenn sie daraus auftauchen, wie spät (oder früh) es schon geworden ist. Es ist vermutlich kein Zufall, dass im Zen, das unter „Erleuchtung" eine Art dauerhaften Flowzustand versteht, die Realität der Zeit angezweifelt wird. Im Flow existiert die Zeit nicht.

- Die Tätigkeit wird intrinsisch motiviert. Csikszentmihalyi nennt das „autotelisch", also: „ihr Ziel ins sich tragend".

Wer sich einer Aufgabe gewachsen fühlt, wer darin aufgeht und laufend erfährt, dass er sie gut macht, der wird Freude an dieser Tätigkeit finden. Hier fließen Flow und Kreativität zusammen: Wir erschaffen Neues am besten dann, wenn uns der Schaffensprozess Freude macht: Dann sind wir im Flow.

Aber was geschieht nun bei Flow im Gehirn? Der Theoretiker Arne Dietrich[27] hat dazu folgende Überlegung angestellt: Menschliche (und vermutlich auch viele tierliche) Lern- und Verhaltensleistungen lassen sich einem von zwei neuronalen Systemen zuschreiben: Dem expliziten und dem impliziten.

Das explizite oder deklarative System vermittelt diejenigen Kenntnisse und Überlegungen, die wir mitteilen können. Etwas philosophisch salopp sagt man auch: die uns bewusst sind. Es sind Gedanken, Reflexionen, deklaratives Wissen, sprachliche Mitteilungen. Dem schon vielmals erwähnten präfrontalen Cortex kommt dabei eine zentrale Rolle in diesem System zu, er greift dabei aber auf viele andere, assoziative Bereiche der Hirnrinde zurück. Gerade wir Menschen halten uns sehr viel auf unser explizites System zugute. Es verwirklicht viel von dem, was uns als Menschen auszumachen scheint: Sprache, Vernunft, Selbstreflexion. Nur leider: Es ist gar nicht so sehr leistungsstark. Wenn es mit mehr als vier Komponenten gleichzeitig hantieren soll, ist es schon überfordert.

Daher übernimmt das implizite oder operante System, wenn es wirklich kompliziert wird. Denn „wirklich kompliziert" sind, wie Ihnen jeder Programmierer bestätigen wird, oft gerade die Vorgänge, die uns als trivial und keiner Beachtung wert erscheinen. Wir bestaunen den Schachgroßmeister, der mit gewaltiger Vorausschau seine Figuren setzt: Aber im Schachspiel sind Computer schon lange besser als Menschen; daran hingegen, eine Hand zu steuern, die jede beliebige Figur sanft fassen kann, scheitern künstliche Steuerungen noch. Motorische Leistungen bewegen sich in einem hochkomplexen Raum voller Freiheitsgrade; Dutzende von Muskeln müssen gleichzeitig aufeinander abgestimmt werden, während die Sinnesorgane eine Fülle von relevanten Informationen liefern. Diese Fähigkeiten trägt im Gehirn zum einen das Kleinhirn, das zwar, wie der Name sagt, kleiner ist das Großhirn, aber äußerst dicht gepackt noch einmal so viele Nervenzellen hat. Hier werden v. a. während des Heranwachsens all die kleinen Reflexe gelernt, die uns erlauben, aufrecht zu gehen, Fahrrad zu fahren, auf einem Bein zu stehen und was derlei Selbstverständlichkeiten mehr sind. Zum anderen sind Schleifen beteiligt, in denen die motorische Hirnrinde mit den Basalganglien verschaltet ist. Die Basalganglien, das sind ebenfalls dicht gepackte Neuronenkerne im Inneren der Großhirnhälften, die vorwiegend dazu da sind, zeitlebens Bewegungen zu verfeinern, die durch Versuch, Irrtum und Belohnung gelernt werden. Wenn Sie bisher gut folgen konnten, dann werden Sie sich erinnern – oder jedenfalls wird es sie nicht überraschen –, dass die Basalganglien eine eigene, sehr dichte Zufuhr von Dopamin ausschüttenden Nervenfasern aus dem Mittelhirn bekommen. Das Dopamin vermittelt hier das Signal, dass eine bestimmte Bewegung erfolgreich war und behalten werden sollte.

Diese beiden Systeme arbeiten im Gehirn teils miteinander, teils nebeneinander. Meistens, wenn wir etwas tun – besonders, wenn es neu ist –, sind wir aufmerksam bei der Sache, richten also explizites und implizites System auf dieselbe Aufgabe. Aber wenn wir etwas ziemlich gut können, dann lassen wir die Gedanken auch mal schweifen. Und bisweilen können die expliziten Gedanken auch stören, wenn wir vor lauter Sorgen, Ängsten und Selbstzweifeln handlungsunfähig werden.

Wenn wir etwas Schwieriges vorhaben – etwa: eine Kletterroute an der Leistungsgrenze steigen oder ein schwieriges Klavierstück spielen –, dann ist das explizite System also erstens völlig überfordert und zweitens mit seiner Langsamkeit und Selbstreflexion auch eher hinderlich. Es geht uns dann wie in der berühmten Geschichte von der Spinne und dem Tausendfüßler:

Die Spinne war neidisch auf den Tausendfüßler, der so elegant auf seinen tausend Füßen dahergleiten konnte. Darum ging sie zu ihm und fragte mit falscher Freundlichkeit:

„Oh Tausendfüßler, ich bewundere die Leichtigkeit deines schwebenden Ganges. Sag mir bitte, wie machst du das? Setzt du zuerst Bein 1 auf der linken Seite, dann Bein 1 auf der rechten Seite, dann Bein 2 links und immer so weiter? Oder setzt du abwechselnd die ungeraden Beine auf der einen und die geraden Beine auf der anderen Seite? Oder wie?"

Der Tausendfüßler hatte darüber noch nie nachgedacht. Verführt von der Frage der Spinne, betrachtete er seine Beine und versuchte zu verstehen, wie er sie bewegte. Versuchsweise setzte er mal das eine, mal das andere Bein, und binnen Kurzem war er völlig verwirrt und stolperte über seine eigenen Füße. Die Spinne aber ging kichernd von dannen.

(Die Geschichte hat aber noch ein Happy End, denn als ein Vogel hernieder stieß, um den Tausendfüßler zu packen, sauste dieser davon, ohne nachzudenken, und plötzlich konnte er es wieder.)

Der Theoretiker Dietrich erzählt in einer Anekdote, dass der Tennisspieler John McEnroe ein gelehriger Schüler der Spinne war: Wenn einer seiner Gegner im Flow war und eine perfekte Vorhand nach der nächsten schlug, sprach McEnroe ihn beim Seitenwechsel an und gratulierte ihm zu seiner großartigen Vorhand.

Damit zog er die explizite Aufmerksamkeit auf die implizite Glanzleistung und zerstörte so den Flow. Denn, so Dietrichs Vermutung: Flow, dieser Zustand vorübergehender Bewusstlosigkeit, entsteht, wenn die Rechenanforderung an das implizite System so groß ist und dabei so viel Energie anfordert, dass für das explizite System schlicht keine Kapazitäten übrig bleiben. Es geht dann in den Stand-by und stört nicht länger. Flow, das hochgerühmte Satori der Zen-Buddhisten, wäre demnach gar kein hoher Geisteszustand, sondern ein niedriger: eine Abschaltung derjenigen Gehirngebiete, die unser „Bewusstsein" tragen.

So weit sind das theoretische Überlegungen, aber einige neurobiologische Befunde unterstützen sie wenigstens teilweise.

So befragte eine Arbeitsgruppe in Schweden[28] ihre Versuchspersonen darüber, wie anfällig sie für die Flowerfahrung waren. Dann wurde mithilfe der Positronen-Emissions-Tomografie bei denselben Probanden die Dichte eines Dopaminrezeptors in den Basalganglien gemessen. Und zwar des Untertyps D2, dessen Bedeutung für Kreativität wir bereits begegnet sind. Es stellte sich heraus, dass die beiden Maße korrelierten: je anfälliger für Flow, desto mehr D2-Rezeptor. Da die Basalganglien das Herzstück des impliziten Systems sind, spricht dieser Befund dafür, dass im Flow das implizite Handeln besonders ausgeprägt ist.

Eine andere Arbeitsgruppe aus Ulm[29] ließ ihre Probanden Additionsaufgaben lösen, während sie im funktionellen
Magnetresonanztomografen lagen. Die Aufgaben wurden
laufend so angepasst, dass sie entweder langweilig waren oder
genau zur Rechenfähigkeit jedes Probanden passten (Flow)
oder ihn laufend überforderten. Befragungen bestätigten,
dass die Versuchspersonen die drei Anforderungsniveaus
unterschiedlich wahrnahmen.

In einigen Gehirngebieten der linken Hemisphäre fanden
die Forscher eine größere Aktivierung bei Flow als in den
anderen beiden Bedingungen. Ein Teil der Basalganglien ist
auffälligerweise dabei. In anderen Gebieten sank die Aktivität. Das galt zum einen für die Amygdala, welche der Hirn-
kern für Angst und andere negative Emotionen ist. Und zum
anderen für einen Teil des präfrontalen Cortex.

Es scheint also, als könnte Dietrich recht haben (wobei
man vielleicht sagen darf, dass er eher das Abschalten eines
anderen Teils des präfrontalen Cortex vorhergesagt hat). Das
würde bedeuten, dass wir im Flow zwar sehr gut automatisch
funktionieren, aber wenig dabei nachdenken. Sind das gute
Voraussetzungen für kreative Tätigkeit?

Flow ist von vielen Menschen – nicht zuletzt von Csikszentmihalyi selbst, der einem seiner Bücher den Titel „Flow
und Kreativität" gab – so eng mit Kreativität verknüpft
worden, dass die Frage absurd erscheint. Aber macht Flow
wirklich kreativ? Es fühlt sich so an. Doch das kommt auch
unter Drogen vor: Man hat das Gefühl, etwas Großartiges,
Geniales, Übermenschliches zu schaffen. Und blickt, wieder
nüchtern, auf wertloses Geschmier. Selbst, wenn es unter
Flow nicht ganz so schlimm sein sollte: Einer Selbsteinschät-
zung sollte man als Wissenschaftler stets misstrauen.

Darum haben einige Forscher – erstaunlich wenige – den Zusammenhang quantitativ und objektiv nachgeprüft. Eine schottische Arbeitsgruppe[30] ließ Dreiergruppen von Musikstudenten gemeinsam Stücke komponieren, befragte sie über den dabei erfahrenen Flow und spielte die fertigen Werke anschließend verschiedenen Jurys vor, welche die Kreativität beurteilen sollten. Die Ergebnisse sind unklar: Das Flowerleben jedes Einzelnen hatte kaum einen Einfluss auf die Kreativität, die in den Stücken zum Ausdruck kam. Aber wenn man die Flowwerte aller drei Gruppenmitglieder zu einem „Gruppenflow" mittelte, dann korrelierte dieser mit der Bewertung durch einige (nicht alle) Jurys. Vielleicht bestätigt dieser Befund, dass Flow kreativ macht. Vielleicht sagt er aber auch nur ganz trivial: Gruppen, die harmonisch zusammenarbeiten, schreiben besonders gute Musik. Oder: Die Wahrnehmung, gerade etwas Gutes zustande zu bringen, erzeugt das Flowgefühl. Nicht umgekehrt.

Weil das Ergebnis also unbefriedigend ist, stellte eine andere Forschergruppe ihren Probanden eine zeichnerische Kreativitätsaufgabe[31]: Jeder erhielt ein Zeichenheft, in dem auf jeder der 40 Seiten drei einfache Formen vorgegeben waren. Daraus sollten die Versuchsteilnehmer so viele Zeichnungen entwickeln, wie sie Lust hatten – immer mit der Devise, dass die Sache Spaß machen sollte. Vorher und nachher wurden über Fragebögen Flow und Laune abgefragt.

Flow und gute Laune hingen zusammen, was nicht überrascht. Außerdem schätzten sich die Probanden selbst als kreativer ein, je mehr Flow sie erlebt hatten. Was meinten sie damit? Anscheinend vorwiegend die Anzahl von Zeichnungen, die sie fertiggestellt hatten, denn die war tatsächlich umso höher, je mehr Flow sie erlebt hatten. Den Ideenreichtum beim Zeichnen hingegen konnten sie nicht meinen. Der korrelierte nämlich nicht mit dem Flowerleben.

Quantität und Qualität

Die verschiedenen Formen der Hochstimmung – intrinsische Motivation, gute Laune, Hypomanie, Flow – sind neuronal alle miteinander verwandt: Sie beruhen auf einer höheren Dopaminübertragung in den verschiedenen Anteilen der Basalganglien, nämlich dem Nucleus accumbens und dem dorsalen Striatum; und dieses Dopaminsignal wird vom präfrontalen Cortex gesteuert (und zwar vermutlich von seinen tieferen Anteilen, dem unteren Stirnhirn). Und solange die Rolle des präfrontalen Cortex nicht ganz klar ist, kann man es auf einen ganz einfachen Nenner bringen: Mehr Dopamin macht kreativ, wenn das Stirnhirn nicht dazwischen funkt.

Doch: Was bedeutet hier „kreativ"?

Unter all diesen Formen der Hochstimmung, in all diesen Spielarten dopaminerger Aktivierung, produzieren Menschen mehr. Aus neurobiologischer Sicht ist das ziemlich trivial, denn nichts anderes tut die Dopaminausschüttung in den Basalganglien: zum Weitermachen motivieren. Sie macht also insofern kreativ, als „kreativ" bedeutet, dass man viel hervorbringt.

Wie jedoch der soeben beschriebene Versuch mit den zeichnenden Probanden verdeutlicht, ist „viel" nicht immer gleich „gut". Wenn „kreativ" bedeutet, etwas Neuartiges, Brillantes hervorzubringen, dann nützt mehr Dopamin dabei nichts. Untersuchungen an bipolar Erkrankten stützen diese Vermutung. Wie schon gesagt üben sie häufiger kreative Berufe aus und sind umgekehrt in diesen Berufen überrepräsentiert. Aber wenn man ihr divergentes Denken quantifiziert, unterscheiden sie sich nicht von gesunden Probanden.[32] Robert Schumann als Musterbeispiel des manisch-depressiven Künstlers komponierte zwar in seinen manischen Phasen mehr als sonst. Zählt man aber, um ein möglichst objektives Maß der Qualität zu erhalten, nach, wie oft seine verschiedenen Werke eingespielt werden, dann schneiden die Kompositionen aus seinen manischen Phasen keineswegs besser ab als die aus seinen ausgeglichenen oder depressiven Phasen.[33]

Flow (oder Hypomanie) ist also der Zustand, in dem wir Ideen am besten umsetzen. Es ist nicht der Zustand, in dem wir Ideen bekommen.

Die Alltagserfahrung bestätigt das: Es gibt erfolgreiche Wissenschaftlerkollegen, die hochmotiviert, ehrgeizig, fleißig und sicherlich nicht dumm sind (für einen IQ über 115 wird es jedenfalls reichen), die aber in ihrem ganzen Leben noch keine einzige eigene Idee gehabt haben. Darum kommt auch Arne Dietrich zu dem Schluss, dass Flow und Kreativität zwei verschiedene Zustände des Gehirns sind bzw. dass sie unterschiedliche Schaltkreise im Gehirn rekrutieren. Man sollte sie nicht gleichsetzen. Im Gegenteil: Man sollte sie fein säuberlich voneinander trennen.

****

Der Tag im Präsidium ist lang und aufregend gewesen. Ihre Ermittlungen sind noch dadurch unterbrochen worden, dass ein weiterer unautorisierter Eingriff gemeldet wurde: Auf dem großen Viale Mollison hat jemand Weinreben unter die Platanen gepflanzt und an die Äste der mächtigen Bäume Bambusgitter gehängt, an welchen die Reben klimmen sollen. Auch dies musste bereits in der Nacht geschehen sein; niemand hatte angeblich etwas bemerkt.

Als Sie nun endlich das Präsidium verlassen, treten Sie in ein tätiges Gewusel. Die trübe Lähmung der Stadt durch den Dauerregen ist überwunden, ein warmer Wind hat die Pfützen getrocknet, und auf dem wieder trockenen Grund eilen Menschen ihren Zielen entgegen.

Was haben Sie heute ermittelt? Sie haben sich mit der Frage beschäftigt, was einen Menschen antreibt, der einfach so Neues erschafft. In dem Antrieb, der zwingend nötig ist, um Neues hervorzubringen, haben Sie gehofft, den Wesenskern der Kreativität zu finden.

Denn die einzige psychiatrische Erkrankung, an der Künstler zuverlässig häufiger zu leiden scheinen als beispielsweise Wirtschaftsprüfer, ist die bipolare Störung. In ihren hypomanischen Phasen bringen sie die meisten Werke hervor. Verwandtschaftsstudien deuten darauf hin, dass auch Künstler, die selbst nicht erkrankt sind, eine erbliche Veranlagung zu der Erkrankung tragen könnten, die sich in schöpferischen Phasen äußern könnte.

Im Gehirn liegen der bipolaren Störung vor allem Fehlfunktionen in zwei Gebieten zugrunde: zum einen im unteren Stirnhirn, wo Werte und Wahrscheinlichkeiten analysiert oder abgeschätzt werden. Zum anderen im Nucleus accumbens, wo diese Einschätzungen aus dem unteren Stirnhirn zusammentreffen mit der Dopaminfaserbahn aus dem ventralen Tegmentum. Indem das Stirnhirn beeinflusst, wie stark die Dopaminfasern ihren Transmitter im Nucleus accumbens ausschütten, signalisiert es, wie lohnend ein Verhalten zum jeweiligen Zeitpunkt erscheint.

Dies tut es auch dann, wenn eine Belohnung für das Verhalten gar nicht absehbar ist – wenn das Verhalten also intrinsisch motiviert ist, man es um seiner selbst willen tut. Dies gilt für alle kreativen Tätigkeiten: Es stimmt zwar nicht, wie man lange glaubte, dass schöpferisches Tun durch äußere Belohnung sogar unterbunden würde. Aber ohne intrinsische Motivation geht es trotzdem nicht. Auch in diesen Fällen, so weiß man seit Kurzem, feuern die Dopaminfasern im Nucleus accumbens. Das verbreitetste Modell, um die neuronalen Grundlagen intrinsischer Motivation zu erforschen, konzentriert sich passenderweise auf die Neugier: jenen Antrieb, der, unter dem Namen „Offenheit für Neues", der charakterliche Motor der Kreativität ist. Neugierig sind wir, weil Wissen belohnt.

So sorgt eine hohe Dopaminausschüttung im Nucleus accumbens also dafür, dass wir eine Tätigkeit durchziehen: das Buch weiterschreiben, das Forschungsprojekt durch die Flauten steuern, die Symphonie vollenden. Im besten Falle geraten wir dabei in Flow, jenen bewusstlosen, ichvergessenen Geisteszustand, in dem die automatischen Steuerungsmodule ungestört das durchziehen, was sie ohne bewusste Beeinflussung am besten können.

Doch wenn Sie gehofft hatten, über den Antrieb die Kreativität zu enträtseln, dann sind Sie enttäuscht worden. Kreativität ist doch mehr als bloß nimmermüde Produktion. So wenig das Verständnis von Tank und Motor uns sagt, wohin das Auto fährt, so wenig erklären Dopamin und Nucleus accumbens, woher die Ideen kommen. *Was* treiben sie an?

Eine besondere Form des Denkens. Wie diese funktioniert, werden Sie morgen zu ergründen versuchen.

****

Anmerkungen

1 Simonton, D.K. (2010) Creativity in highly eminent individuals. In: Kaufman, J.K. & Sternberg, R.J. (Hrsg.) The Cambridge Handbook of Creativity. Cambridge University Press. S. 174–188.

2 Feist, G.J. & Barron, F.X. (2003) Predicting creativity from early to late adulthood: intellect, potential, and personality. J. Res. Pers. 37: 62–88; Flaherty, A.W. (2005) Frontotemporal and dopaminergic drive of idea generation and creative drive. J. Comp. Neurol. 493: 147–153.

3 Lepper, M.R., Greene, D. & Nisbett, R.E. (1973) Undermining children's intrinsic interest with extrinsic reward: a test of the „overjustification" hypothesis. J. Pers. Soc. Psychol. 28: 129–137.

4 Deci, E.L. (1971) Effects of externally mediated rewards on intrinsic motivation. J. Pers. Soc. Psychol. 18: 105–115.

5 Amabile, T. M. (1996). Creativity in context. Boulder, CO: Westview Press.

6 Gottfried, A.E., Fleming, J.S. & Gottfried, A.W. (2001) Continuity of academic intrinsic motivation from

childhood through late adolescence: a longitudinal study. J. Educ. Psychol. 93: 3–13.

7 Prabhu, V., Sutton, C. & Sauser, W. (2008) Creativity and certain personality traits: understanding the mediating effect of intrinsic motivation. Creat. Res. J. 20: 53–66.

8 Sternberg, R. J., & Lubart, T. I. (1995). Defying the crowd. New York: Free Press.

9 Hennessy, B.A., Amabile, T.M. & Martinage, M. (1989) Immunizing children against the negative effects of reward. Contemp. Educ. Psychol. 14: 212–227.

10 Litman, J.A. (2010) Curiosity and the pleasures of learning: wanting and liking new information. Cogn. Emot. 19: 793–814.

11 Schultz, W., Dayan, P. & Montague. P.R. (1997) A neural substrate of prediction and reward. Science 275: 1593–1599.

12 Hamid, A.A., et al. (2016) Mesolimbic dopamine signals the value of work. Nat. Neurosci. 19: 117–126.

13 Mirolli, M., Santucci, V.G. & Baldassarre, G. (2013) Phasic dopamine as a prediction error of intrinsic and extrinsic reinforcements driving both action acquisition and reward maximization: a simulated robotic study. Neural Netw. 39: 40–51.

14 Daddaoua, N., Lopes, M., Gottlieb, J. (2016) Intrinsically motivated oculomotor exploration guided by uncertainty reduction and conditioned reinforcement in non-human primates. Sci. Rep. 6: 20202.

15 Bromberg-Martin, E.S. & Hikosaka, O. (2009) Midbrain dopamine neurons signal preference for advance information about upcoming rewards. Neuron 63: 119–126.

16 Blanchard, T.C., Hayden, B.Y. & Bromberg-Martin, E.S. (2015) Orbitofrontal cortex uses distinct codes for different choice attributes in decisions motivated by curiosity. Neuron 85: 602–614.

17 Damasio, A.R. (1984) Descartes' Irrtum. Fühlen, Denken und das menschliche Gehirn. München: List.

18 Ferenczi, E.A., Zalocusky, K.A., Liston, C. et al. (2016) Prefrontal cortical regulation of brainwide circuit dynamics and reward-related behaviour. Science 351: aac9698.

19 Näheres siehe hier: „Warum nicht einfach aufgeben?" Telepolis, http://www.heise.de/tp/artikel/47/47403/1.html

20 Nettle, D. (2006) Schizotypy and mental health amongst poets, visual artists, and mathematicians. J. Res. Pers. 40: 876–890.

21 Spielberger, C.D., Parker, J.B. & Becker, J. (1963) Conformity and achievement in remitted manic-depressive patients. J. Nerv. Ment. Dis. 137: 162–172.

22 Johnson,S.L., Murray, G., Fredrickson, B., Youngstrom, E.A., Hinshaw, S., Bass, J.M., Deckersbach, T., Schooler, J. & Salloum, I. (2012) Creativity and bipolar disorder: touched by fire or burning with questions? Clin. Psychol. Rev. 32: 1–12.

23 Peciña, M. et al. (2013) DRD2 polymorphisms modulate reward and emotion processing, dopamine neurotransmission and openness to experience. Cortex 49: 877–890.

24 Chermahini, S.A. & Hommel, B. (2010) The (b)link between creativity and dopamine: spontaneous eye blink rates predict and dissociate divergent and convergent thinking. Cognition 115: 458–465; Akbari Chermahini,

S. & Hommel, B. (2012) More creative through positive mood? Not everyone! Front. Hum. Neurosci. 6: 319.

25 Csikszentmihalyi, M. (1996) Flow und Kreativität. Wie Sie Ihre Grenzen überwinden und das Unmögliche schaffen. Stuttgart: Klett-Cotta.

26 Keller, J. & Bless, H. (2008) Flow and regulatory compatibility: an experimental approach to the flow model of intrinsic motivation. Pers. Soc. Psychol. Bull. 34: 196–209.

27 Dietrich, A. (2004) Neurocognitive mechanisms underlying the experience of flow. Conscious Cogn. 13: 746–761.

28 de Manzano, Ö., Cervenka, S., Jucaite, A., Hellenäs, O., Farde, L. & Ullén F. (2013) Individual differences in the proneness to have flow experiences are linked to dopamine D2-receptor availability in the dorsal striatum. NeuroImage 67: 1–6.

29 Ulrich, M., Keller, J., Hoenig, K., Waller, C. & Grön, G. (2014) Neural correlates of experimentally induced flow experiences. NeuroImage 86: 194–202.

30 MacDonald, R., Byrne, C. & Carlton, L. (2006) Creativity and flow in musical composition: an empirical investigation. Psychol. Music 34: 292–306.

31 Cseh, G.M., Phillips, L.H. & Pearson, D.G. (2015) Flow, affect and visual creativity. Cogn. Emot. 29: 281–291.

32 Santosa, C.M., Strong, C.M., Nowakowska, C., Wang, P.W., Rennicke, C. M., & Ketter, T. A. (2007). Enhanced creativity in bipolar disorder patients: a controlled study. J. Affect. Disord. 100: 31–39.

33 Weisberg, R. W. (1994). Genius and madness? A quasiexperimental test of the hypothesis that manic-depression increases creativity. Psychol. Sci, 5: 361–367.

Der vierte Tag: Ideenreichtum

„Noch so ein Tag wie gestern, mein lieber Adson ...“

„Ich ...“

„... und die Öffentlichkeit wird meinen Kopf fordern“, bringt Prefrontale seinen Satz ungerührt zu Ende. Es ist der Morgen des folgenden Tages, und Sie sitzen zur Besprechung im Büro des Commissario. „Zwei Anschläge an einem Tag! Das wird ja immer schlimmer!“

„Muss man die Aktionen wirklich als Anschläge bezeichnen?“, fragen Sie.

„Die Diskussion hatten wir schon“, bescheidet Prefrontale Ihnen grob. „Entwickeln Sie lieber ein paar Ideen, wie wir dem Übeltäter das Handwerk legen können.“

„Nun ... Wir können die Öffentlichkeit um Mithilfe bitten; eine Hotline einrichten; eine Belohnung aussetzen; wir können die Überwachungskameras auswerten; wir

© Springer-Verlag GmbH Deutschland 2018
K. Lehmann, *Das schöpferische Gehirn*,
https://doi.org/10.1007/978-3-662-54662-8_4

können die Handyortungsdaten verwenden, um Aktivitäts-profile zu erstellen; wir können die Präsenz auf den Straßen ..."

„Halt!", unterbricht der Commissario. „Zurück. Das Letzte hat mir gefallen. Wir wissen nicht, wo er zuschlagen wird. Aber mit einer engmaschigen Überwachung kriegen wir ihn überall. Veranlassen Sie das!"

Sie erheben sich und gehen zur Tür.

„Eins noch!", hält Prefrontale Sie auf. „Haben Sie die Stadtverwaltung erreicht?"

Sie verneinen. Gerade wollen Sie gehen, da kommt Ihnen noch eine Frage in den Sinn.

„Sagen Sie, Commissario", fragen Sie, denn beim Blick auf das Schild an der Tür ist Ihnen etwas aufgefallen. „Wofür stehen eigentlich Ihre Initialien?"

„Jedenfalls nicht Donna Leon", vermerkt Prefrontale trocken. „Und jetzt nicht gezögert, Adson! Ans Werk!"

****

Wenn wir einem Experten glauben – also einem ideenreichen Schriftsteller, der es ja wissen muss –, dann ist die Frage, welcher Teil des Gehirns die Ideen hervorbringt, längst geklärt und eigentlich Lehrbuchwissen:

„Woher beziehst du eigentlich deine Inspirationen?', fragte ihn [den Schriftsteller Stephan T. George] Cathy Reinigen irgendwann während des Essens. Das war keine untypische Frage für jemanden, der ihn das erste Mal sah, und George beantwortete sie gleichfalls wie gewohnt: indem er etwas aus dem Stegreif erfand.

‚Rosen', sagte er. ‚Jeden Morgen lasse ich mir ein halbes Dutzend frisch geschnittene weiße Rosen ins Haus bringen.

Früher konnte ich mir die natürlich nicht leisten, und da hatte ich stattdessen einen Blumenkasten mit Mohn vor dem Fenster. Inzwischen habe ich mich verbessert.'

‚Rosen? Was machst du denn mit Rosen?'

‚Daran riechen, natürlich. Die kortikale Riechsphäre – das Riechzentrum also – befindet sich direkt neben dem Dinsmore-Lappen der rechten Gehirnhemisphäre, in welcher bekanntlich alle kreative Geistestätigkeit stattfindet. Hast du das nicht in Bio gelernt? Jetzt ist es so, dass der gute alte Olfaktorius, wenn er stimuliert wird, den Dinsmore-Lappen wie ein Starthilfekabel in Gang setzt, und prompt kommen die Einfälle nur so herausgesprudelt: schneller, als du überhaupt mitschreiben kannst. Ich weiß natürlich, wie seltsam das für dich klingen muss, aber es ist eine erwiesene Tatsache. Hemingway zog sich dreimal am Tag Usambaraveilchen rein, wenn er nicht gerade boxte.'"[1]

Damit könnte eigentlich alles klar sein. Nur ist es leider den Hirnforschern bis heute nicht gelungen, den Dinsmore-Lappen zu identifizieren, von dem Matt Ruff bzw. sein Alter Ego S.T. George spricht. Und was die Inspiration durch Geruch anbetrifft: Da ist Friedrich Schiller wohl der einzige Künstler, dem so etwas nachgesagt wird. Lange nach seinem Tode hat Goethe im Gespräch mit Eckermann behauptet, Schiller habe immer einige faule Äpfel in der Schreibtischschublade gehabt, weil ihm das bei der Arbeit wohlgetan habe. Ob das stimmt? Dichtung und Wahrheit flossen beim alten Goethe ja gerne mal ineinander.

Wenn man nach dem neuronalen Substrat der Kreativität sucht, ist es daher angeraten, den Suchradius über die unmittelbare Nachbarschaft der Riechrinde hinaus auszudehnen. Man läuft stets Gefahr, etwas Bedeutsames und Neues zu

übersehen, wenn man hypothesengeleitet an nur einer Stelle
sucht. Daher besteht die erfolgversprechendste Herangehensweise offensichtlich darin, die Aktivität im gesamten Gehirn
zu beobachten, während Versuchspersonen etwas Kreatives
tun (im Vergleich zu einer ähnlichen, unkreativen Aufgabe).

Eine Tätigkeit, bei welcher „die Einfälle nur so herausgesprudelt" kommen, ist die musikalische Improvisation.
Praktisch für Neurobiologen ist obendrein, dass die Quelle,
einmal angezapft, lange fließt. Die Durchblutungsänderun-
gen, auf denen die funktionelle Magnetresonanztomografie
basiert, benötigen einige Sekunden, um sichtbar zu werden.
Blitzartig kurze Ereignisse lassen sich damit schwer fangen
(obgleich es, wie wir im nächsten Kapitel sehen werden,
durchaus möglich ist). Das anhaltende Strömen einer Jazz-
improvisation stellt dagegen einen sehr dicken Fisch dar.

Und selbstverständlich ist die musikalische Improvisation
eine Form von divergentem Denken, auch wenn sie, da nicht
sprachlich, nicht der gängigen Vorstellung von „Denken"
entspricht. Kreativitätsforscher haben das sogar wissenschaftlich quantitativ untermauert, indem sie Jazzmusiker
sowohl improvisieren als auch einen Test auf divergentes
Denken durchführen ließen.[2] Die Ergebnisse wurden dann
von Experten bewertet und in Beziehung gesetzt. Wie gut
jemand improvisierte, hing zunächst einmal davon ab, wie
viel er geübt hatte. Aber auch, wenn man das statistisch her-
ausrechnete, blieb noch ein starker Einfluss der divergenten
Denkfähigkeit übrig (Übung kann mangelnde Begabung also
nicht wettmachen).

Den Autoren zufolge zeigen diese Ergebnisse nicht nur,
dass die Improvisationsfähigkeit vom divergenten Denken
abhängt, sondern untermauern nebenbei auch die Vorstellung

einer domänenübergreifenden Kreativität: Wenn die Ideen eines Menschen reichlich fließen, dann tun sie dieses musikalisch ebenso wie sprachlich. Die Gehirngebiete, aus denen der Strom der Inspiration entspringt, sind möglicherweise immer dieselben.

Diverse Studien haben professionelle Pianisten im MRT-Scanner improvisieren lassen. Es ist zwar nicht gerade trivial, ein nicht-magnetisches Keyboard zu entwickeln, das auch im starken Magnetfeld und unter den beengten Bedingungen der Tomografenröhre noch spielbar bleibt, aber allemal einfacher, als Musikern ein Saxophon oder eine Gitarre in den Scanner mitzugeben. Um vernünftige Vergleichsbedingungen zu haben, lassen die Wissenschaftler ihre Probanden dann abwechselnd auswendig gelernte und improvisierte Stücke spielen, bisweilen in unterschiedlichen Schwierigkeitsgraden.

Das klingt geradlinig, aber seltsamerweise haben die Details einen ungeahnten Einfluss. Eine erste Studie nach diesem Muster arbeitete mit professionellen Jazzpianisten.[3] Ihre wichtigsten Befunde waren eine hohe Aktivität im mittleren, und eine gesenkte im seitlichen Stirnhirn. Sehr ähnlich sah es bei professionellen Freestyle-Rappern aus.[4] Sie sind praktisch, brauchen sie doch kein Instrument zum Improvisieren. Auch hier: aktives mittleres, ruhendes seitliches Stirnhirn. Jazzer und Rapper, so konnte man folgern, schalteten das bewusste Denken aus und gerieten beim Improvisieren in Flow. Das ist schön für sie, nur scheint es, dass es nicht jedem vergönnt ist, in einen solchen Fluss der Töne zu geraten.

Denn alle späteren Untersuchungen wählten Bedingungen, unter denen die Probanden weniger gut abschalten konnten. Meistens waren die Versuchspersonen klassisch ausgebildete Pianisten, für die das Improvisieren nicht unbedingt tägliche Übung ist. Bei ihnen war von Flow keine Spur, und das seitliche Stirnhirn war nicht weniger tätig, sondern mehr.[5] Auch dann, wenn für die Improvisation gewisse Vorgaben gemacht wurden, oder wenn die Musiker mit anderen gemeinsam spielten, aktivierte dies das seitliche Stirnhirn.

Deutlich wird das, wenn man die aktivierten Gehirngebiete, die in acht verschiedenen Studien mit improvisierenden Musikern gefunden wurden, in einer Abbildung zusammenzeichnet (Abb. 1[6]). Je häufiger in einem Gebiet Aktivität gefunden wurde, desto dunkler wird dort das Grau. Auf den ersten Blick sieht diese Übersicht ziemlich entmutigend aus: Fast die gesamten Stirn- und Scheitellappen sind eingetönt, und noch einige Flecken da und dort. Das sieht chaotisch aus und nicht so, als ließe sich ein gemeinsamer Nenner finden.

Tatsächlich aber gibt es Muster im Rorschachtest. Man sollte sich ohnehin von der Erwartung befreien, *das* Gehirngebiet für Kreativität zu finden, sozusagen das reale Äquivalent des Dinsmore-Lappens. Höhere geistige Prozesse werden stets von verteilten Netzwerken getragen, in welchen sich

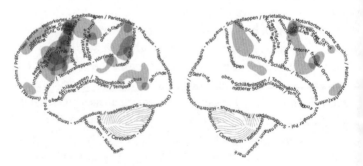

Abb. 1 Wo das Improvisieren im MRT Flecken auf dem Gehirn hinterlässt

mehrere Hirnrindenfelder mit ihren jeweiligen Spezialfähigkeiten zusammenschalten. Das bedeutet nicht, dass einzelne Gebiete keine fest umrissene Aufgabe hätten: Es bedeutet nur, dass diese Aufgaben viel kleinteiliger und abstrakter sind als die Denk- und Verhaltensleistungen, die man von außen beobachten kann.

So auch bei der musikalischen Improvisation. Es scheint einfach, die Gehirnaktivität beim Improvisieren dadurch zu ermitteln, dass man die Aktivität beim Auswendig-Spielen abzieht. Aber es bleiben mehrere tätige Gebiete übrig, denn Improvisation ist nicht monolithisch: Der Jazzmusiker greift dazu auf gespeicherte musikalische Assoziationen zurück – dazu braucht er vermutlich Assoziationsgebiete im hinteren Cortex nahe der Hörrinde. Er wendet musikalische Regeln an – eine Aufgabe für präfrontale Hirngebiete, wobei manche Studien noch zwischen melodischer und rhythmischer Improvisation unterscheiden. Und er überwacht sich selbst beim Spiel, behält den Überblick über seine Improvisation und achtet darauf, seine Qualitätsmaßstäbe einzuhalten: eine Leistung, die von wiederum anderen Teilen des Stirnhirns getragen wird. Offensichtlich ist keine dieser Leistungen nötig, wenn man auswendig spielt. Darum ergeben sich beim Improvisieren so weit verstreute Aktivtäten im Gehirn.

Hinzu kommt, dass kleine Unterschiede in der Aufgabenstellung (frei improvisieren oder über ein Thema, rhythmisch oder melodisch), der Kontrollbedingung (auswendig spielen oder eine Tonleiter oder eine eigene frühere Improvisation) und bei den Teilnehmern an der Studie (Jazzmusiker oder klassische Pianisten, mehr oder weniger geübt) die Anforderungen an das Gehirn verändern. So geraten erfahrene Jazzer anscheinend leichter als unerfahrene in einen flow-ähnlichen

Zustand, mit der Folge, dass Stirnhirnaktivitäten, die man bei den Amateuren beobachten kann, bei den Profis nicht vorhanden sind.

Das Fleckenmuster ist also durchaus nicht wirr und bedeutungslos. Trotzdem fragt man sich natürlich: Ist Kreativität also eine Netzwerkeigenschaft? Rekrutiert jede kreative Aufgabe wirklich immer andere, eigene Gehirngebiete? Oder gibt es vielleicht doch eine oder mehrere Kernregionen, die immer beteiligt sind?

Und ja: Die gibt es. In allen Studien zur musikalischen Improvisation ist stets ein Teil des linken Stirnhirns aktiv, der seitlich und schon etwas nach oben auf der Hirnrinde sitzt, gleich über der motorischen Sprachrinde. Unter Kreativitätsforschern scheint es üblich zu sein, dieses Gebiet als „inferioren frontalen Gyrus" zu bezeichnen, obgleich der Rest der Stirnhirnforscher der Ansicht ist, dass das so bezeichnete Gebiet weiter unten liegt und die Sprachrinde umfasst. Um uns da herauszuhalten und trockene Fremdwörter zu vermeiden, wollen wir es hier als „seitliches Stirnhirn" bezeichnen. In der Abbildung weist es das dunkelste Grau auf.

Also das seitliche Stirnhirn? Wenn dieses die Spinne im Netz der Kreativität ist, dann sollte sich das auch mit klassischen Tests auf divergentes Denken zeigen lassen.

Eine umfassende Studie dazu hat eine Arbeitsgruppe um Aljoscha Neubauer von der Universität Graz[7] durchgeführt: Sie stellten den Teilnehmern gleich vier verschiedene Aufgaben zum sprachlichen divergenten Denken: erstens den klassischen „Alternative Uses"-Test. Sie erinnern sich: Was können Sie mit einem Ziegelstein anfangen? In der zweiten Aufgabe waren typische Eigenschaften von Alltagsgegenständen aufzuzählen. In der dritten galt es, sich originelle Namen oder Bezeichnungen zu vorgegebenen Initialien auszudenken – also etwa das, was man tut, wenn man einen Autofahrer aus SHK vor sich hat: „schnell Koks holen", „seit heute Krüppel" oder „sonst Hilfs-Kutscher". Und viertens sollten die Teilnehmer zu deutsche Suffixen wie „-ung" oder „-nis" passende Wörter finden.

Bei allen Aufgaben wurden den Probanden entweder ein EEG abgenommen, oder sie lagen im Magnetresonanzto-mografen. Die EEG-Ergebnisse sind schwer zu deuten; die erhöhte Synchronisation im Alpha-Bereich im Stirnhirn wird normalerweise als Hemmung des betroffenen Cortex-bereichs verstanden, könnte nach Ansicht der Autoren aber auch eine verstärkte Kontrolle interner Verbindungen anzei-gen. – Erheblich weiter führen die Messungen mithilfe der funktionellen Magnetresonanztomografie. Alle vier Aufga-ben erregten hier eine sehr selektive Aktivierung im linken seitlichen Stirnhirn, wobei die kreativeren Aufgaben (Alter-native Uses und Erfinden von Namen) stärkere Aktivität her-vorriefen als die beiden eher lexikalischen Aufgaben.

Ähnliche Studien sind vielfach gemacht worden, und auch hier hat jemand die ehrenvolle Aufgabe übernommen, die Untersuchungen zusammenzutragen und die Überlap-pungen zu verzeichnen[8] (Abb. 2). Wieder sind es durchaus mehrere weit verstreute Gebiete in der Großhirnrinde, die beim divergenten Denken aktiv werden. Wieder ist aber das seitliche Stirnhirn mittenmang dabei. Möglicherweise lässt sich darin sogar eine gewisse Ordnung ausmachen: Hintere Anteile sind aktiv, wenn neue Ideen hervorgebracht werden, vordere, wenn Ideen kombiniert werden. Interessant wäre das besonders im Hinblick darauf, dass dieser Teil des seit-lichen Stirnhirns ja, wie bereits erwähnt, unmittelbar an das Broca-Areal angrenzt, also die motorische/syntaktische

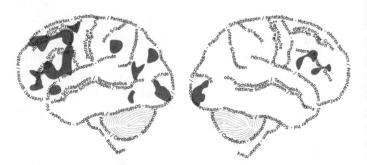

Abb. 2 Das kommt heraus, wenn man 44 Experimente zum divergenten Denken zusammenfasst

Sprachrinde. Auch darin vermuten Gehirnforscher mittlerweile ein abgestuftes System, bei dem hintere Teile die Syntax innerhalb eines Wortes bewältigen – also die Phonetik –, davor liegende die Syntax auf Satzebene und ganz vorne die auf gedanklicher Ebene, also die Semantik.[9] In beiden Bereichen – laterales Stirnhirn und Broca-Areal – würden also Regeln auf immer größere Einheiten angewendet, je weiter nach vorne man kommt.

Das Klingeln des Telefons reißt Sie aus dem Gedankenfluss. Die Kollegen von der Fahndung haben etwas. Sofort eilen Sie in das andere Stockwerk, um sich die Ergebnisse anzuschauen.

Fünf Minuten später sind Sie mit einem Stadtplan bei Prefrontale. Farbig sind darauf die Bereiche markiert, wo Bewegungsmelder und Überwachungskameras erhöhte Aktivität festgestellt haben, wenn eine Aktion des unbekannten Täters entdeckt wurde. Rote Flecken übersäen die Straßen, aber ein Gebäude links der Mitte sticht heraus.

„Das ist es, Commissario!", jubeln Sie. „Da sitzen sie. Wir haben sie so gut wie geschnappt! Ich habe schon eine Mannschaft für eine Razzia angefordert. Aber wir können natürlich auch erst noch eine Weile überwachen. Ich habe den Kollegen schon Bescheid gesagt, dass wir vielleicht ihre Hilfe brauchen. Wir brauchen nur Ihr OK, Commissario. Was meinen Sie?"

Prefrontale, der während Ihrem aufgeregten Plappern schweigend auf den Plan geschaut hat, lehnt sich jetzt langsam zurück und verschränkt die Arme hinter dem Kopf.

„Wissen Sie, um welches Gebäude es sich da handelt, Ispettore?", fragt er in die Stille.

„Äh, nein, Commissario. Die Straßennamen stehen ja hier leider nicht drauf. Ich kann sofort nachsehen."

„Nicht nötig", bremst Prefrontale Sie. „Ich kenne es."

„Tatsächlich!?"

„Sie auch, Adson. Es ist dieses hier. Wir befinden uns gerade darin."

Mehrere Sekunden lang sind Sie zu keinem Wort fähig. Sie schütteln nur den Kopf. Dann stammeln Sie: „Aber … aber … wie ist das möglich? Verräter in unseren Reihen?"

„Nein, Ispettore", besänftigt Sie Prefrontale geduldig. „Es ist viel einfacher. Was tun wir, wenn ein Verbrechen gemeldet wird? Wir rücken aus und untersuchen. Das erzeugt Aktivität, und zwar in schönster zeitlicher Korrelation mit den Verbrechen."

„Ja, aber – wir kommen doch erst nach der Tat."

„Lassen Sie sehen, Adson", meint Prefrontale trocken. „Die Zahl hier oben – ist das die zeitliche Auflösung? Ist nicht so dolle, oder?"

„Dann blase ich die Razzia wohl lieber wieder ab", murmeln Sie kleinlaut und gehen.

Lechts und Rinks

Beim Betrachten der Abb. 1 und 2 ist Ihnen vermutlich schon etwas aufgefallen, das ich bislang stillschweigend übergangen habe. Falls nicht, dann schauen Sie noch einmal hin, und achten Sie auf die Unterschiede zwischen den Hemisphären.

Es ist nämlich immer vorwiegend das *linke* Stirnhirn, das aktiviert ist, wenn Probanden divergent denken oder improvisieren. Und auch in anderen Bereichen der Hirnrinde ist die Aktivität links meistens höher als rechts.

Und das ist verwirrend. Predigen uns nicht Bibliotheken voller Kreativitätsratgeber, dass die *rechte* Hemisphäre unsere kreative Hemisphäre sei? Spricht nicht auch Matt Ruff vom „Dinsmore-Lappen der rechten Gehirnhemisphäre, in welcher bekanntlich alle kreative Geistestätigkeit stattfindet"? Die rechte Hemisphäre ist doch die mit der gestreuten Aufmerksamkeit, mit den weitläufigen Assoziationen, mit der holistischen Weltsicht. Haben die Hirnforscher etwa lechts und rinks velwechsert?

Tatsächlich funktionieren die beiden Hälften des Großhirns ein wenig unterschiedlich. Erstens nehmen ihre primären Rindenfelder jeweils die gegenüberliegende Seite der Welt wahr: Die Sinneseindrücke von Auge, Ohr und Körperoberfläche kreuzen auf ihrem Weg zum Gehirn auf die gegenüberliegende Seite, so dass die rechte Gehirnhälfte das linke Gesichtsfeld und die linke Körperhälfte wahrnimmt und umgekehrt. Für die Bewegungsbahn gilt dasselbe. Die Muskeln auf der rechten Seite steuern wir mit der linken Hemisphäre.

Zweitens sind die höheren, assoziativen Rindenfelder auf verschiedene Arten der Weltwahrnehmung spezialisiert. Während die Verarbeitung von Seh- oder Tastreizen oder die motorische Steuerung für beide Seiten gleichermaßen funktionieren muss und daher symmetrisch angelegt ist, besteht beispielsweise keine Notwendigkeit für zwei Sprachrinden. Wozu sollte es gut sein, Wortbedeutungen und Grammatik zweimal parallel zu verarbeiten? Um besser mit sich selbst reden zu können? – Darum gibt es das Broca- und das Wernicke-Areal nur auf der linken Seite. Die gegenüberliegenden Rindenfelder auf der rechten Seite hemmen unwillkürliche Bewegungen (Broca) und finden untergeordnete Bedeutungsbeziehungen (Wernicke). Das ist immerhin zum Verstehen von Witzen nützlich.

Was für die Sprachfelder gilt, gilt für weite Teile der assoziativen Gebiete, vor allem im frontalen Cortex. Sie gehen unterschiedlich mit der Welt um, haben sozusagen verschiedene Erkenntnisstile. Die linke Hemisphäre – welche meistens die dominante ist – denkt ziemlich starr. Sie verficht Regeln und folgt Routinen. Sie sieht die Details. Die rechte Hemisphäre hingegen sieht weniger Regeln als vielmehr Richtlinien.[10] Sie bezieht umfassend Informationen mit ein und konstruiert daraus ein vorübergehendes, flexibles Bild. Sie sieht die Gestalt.

Die doppelte Arbeitsteilung der Hirnhälften hat man sich bei Studien zur Kreativität zunutze gemacht: Was man dem linken Gesichtsfeld präsentiert, wird nicht nur im rechten Hinterhauptslappen visuell verarbeitet – es steht damit auch der ganzheitlichen Assoziationsweise der rechten Hemisphäre bevorzugt zur Verfügung. Umgekehrt findet das, was wir im rechten Gesichtsfeld sehen, seinen Weg zuerst in die bürokratische linke Hemisphäre. Selbstverständlich wandern alle Informationen über den Balken, der die beiden Hirnhälften verbindet, auch zur anderen Seite und steht damit beiden Hemisphären zur Verfügung. Aber den ersten Zugriff hat immer die Hirnhälfte, die den Reiz zuerst verarbeitet.

Wenn man darum Personen Einsichtsaufgaben stellt (mehr zu dieser Form von Kreativität im nächsten Kapitel), die sie nicht lösen können, dann kann man ihnen die Lösung im rechten oder im linken Gesichtsfeld darbieten und messen, wo sie das Wort schneller lesen (verglichen mit einem unpassenden Wort). Für bis zu drei Sekunden nach Aufgabenstellung gibt es keinen Unterschied: Beide Hirnhälften denken gleichermaßen über das Problem nach. Dann aber gewinnt die rechte Hemisphäre die Oberhand – sie hält mutmaßlich ihr weites Suchraster offen, während die linke Hemisphäre längst aufgegeben oder sich verrannt hat.[11]

Neuropsychologische Studien scheinen die Geschichte vom „kreativen rechten Gehirn" vermeintlich zu stützen. In den Achtzigerjahren führte Albert Katz von der Universität Ontario eine Reihe von Studien durch,[12] bei denen er seine Probanden einerseits auf Intelligenz und Kreativität, andererseits auf die Leistungsfähigkeit der beiden Hemisphären testete. Letzteres geschah z. B. mit einem Test auf Gestaltvervollständigung, also die unwillkürliche Fähigkeit, Figuren zu erkennen, die nur in Teilen oder verdeckt gezeigt werden, um die ganzheitliche Wahrnehmung der rechten Hemisphäre zu testen; oder mit einem Abschnitt eines verbalen Intelligenztests, bei dem die Ähnlichkeitsbeziehung zweier Wörter erklärt werden musste, um die analytische Fähigkeit der linken Hemisphäre zu messen. Kreative Studenten hatten bessere rechts-hemisphärische Fähigkeiten als unkreative.

Dasselbe ergab sich bei einem Vergleich von Berufsgruppen: Architekten waren stärker rechts lateralisiert als Wissenschaftler. In allen Fällen spielte die Intelligenz keine Rolle für die Bevorzugung einer Hemisphäre.

Auch EEG-Studien unterstützen die Rechts-Hirnigkeit kreativer Menschen: Nimmt man ein Ruhe-EEG auf, also ohne dass die an der Studie teilnehmenden Personen dabei eine Aufgabe erledigen, dann entdeckt man in der rechten Hemisphäre umso stärkere Korrelationen zwischen verschiedenen Messpunkten, je kreativer die untersuchten Personen sind – wieder ohne Einfluss der Intelligenz.[13]

Jetzt also doch rechts? – Nun, alle diese neuropsychologischen Studien, die eine kreative Dominanz der rechten Hemisphäre beschreiben, betrachten Kreativität als Eigenschaft. So wie wir das am zweiten und teilweise noch am dritten Tag getan haben. Was aber einen Hirnforscher interessiert, ist Kreativität als Tätigkeit. Was tut das Gehirn, während es kreativ ist?

Auch das ist, wie wir bereits gesehen haben, mit Methoden wie EEG oder funktioneller Magnetresonanztomografie untersucht worden. Auch dabei hat man die Beteiligung der beiden Hirnhälften verglichen. Und erstaunlicherweise kam etwas ganz anderes, sogar das Gegenteil, dabei heraus.

Sobald man die Probanden aus ihrer statischen Ruhe reißt und etwas Kreatives tun lässt, übernimmt fast immer die linke Hemisphäre. Eine der gründlichsten Studien dazu untersuchte sowohl die verbale Kreativität – die untersuchten Personen mussten das erzählen, was bei uns in der Grundschule eine „Reizwortgeschichte" hieß – als auch die visuelle Kreativität – die Personen mussten sich ein Bild ausdenken und vorstellen – als auch musikalische Kreativität – Profimusiker komponierten ein Stück.[14] Ausgewertet wurde dabei nicht die nackte elektrische Aktivität unter den neunzehn EEG-Elektroden, sondern ihre funktionale Konnektivität: also die Phasenkorrelation zwischen den elektrischen Wellen. Wenn an zwei getrennten Stellen die EEG-Wellen immer mit einem festen zeitlichen Abstand zueinander anheben, dann liegt dem sehr wahrscheinlich eine aktive Verbindung zugrunde.

Wenn die Probanden kreativ wurden, dann nahm zwischen sehr vielen Ableitstellen die Konnektivität zu: innerhalb der Hemisphären ebenso wie zwischen ihnen, sowohl symmetrisch als auch quer rüber. Aber egal ob Geschichtenerzählen, Malen oder Komponieren: Immer tat sich auf der linken Seite mehr als auf der rechten.

Eine weitere Studie, in der die kreative Aufgabe darin bestand, einen Essay zu schreiben, kam unter denselben Bedingungen zu den gleichen Ergebnissen: stärkere funktionale Konnektivität über lange Distanzen in der linken Hemisphäre.[15] Und wenn man schaut, wie das Gehirn auf einen Lichtreiz reagiert, bevor und nachdem Probanden eine Reizwortgeschichte erzählt haben, dann verstärkt sich die Antwort vor allem im linken Frontallappen – was darauf hindeutet, dass er besonders aktiv ist.[16]

Lauter EEG-Studien also, die das bestätigen, was die bildgebenden Studien eingangs behauptet haben: Wenn das Gehirn kreativ wird, dann steigt die Aktivität im linken Stirnhirn, und besonders die Verbindungen der linken Hemisphäre werden rekrutiert. Ist Kreativität also eine Leistung der linken Hemisphäre?

Kreativitätsforscher sind sich seit langem einig, dass so ein populistisches Entweder-oder dem Gehirn nicht gerecht wird. „Beides", lautet die salomonische Lösung. Die beiden

Hemisphären haben unterschiedliche Aufgaben und Denkstile, aber die hohe Leistung der Kreativität bewältigen sie nur gemeinsam. Die rechte Hemisphäre stellt wahrscheinlich mehr grobe Assoziationen bereit; die linke organisiert sie. Das linke seitliche Stirnhirn benimmt sich dabei wie jemand, der in einem Trödelladen stöbert. Da quillt ein unüberschaubarer Wust von Aufgehobenem auf ihn ein, ein wild aufgestapeltes Gerümpel aus Jahrhunderten, sortiert nach Kriterien, die gerade nicht relevant sind. Auf der Suche nach etwas Brauchbarem tastet der Besucher die Erinnerungsschätze schnell wertend ab und sortiert: „Müll" oder „Brauch ich".

Sind Kritiker kreativ?

Wenn dieses Bild stimmt, dann sitzt die Kreativität nicht im linken seitlichen Stirnhirn. Das Stirnhirn ordnet, ver- und bewertet bloß, was es von überall aus den assoziativen Speichern beider Hemisphären aufliest.

Was Neurologen nach einer Schädigung des Stirnhirns beobachten, passt gut dazu. Die Patienten haben ernste Schwierigkeiten mit dem divergenten Denken. Zwar bieten sie eine große Zahl von Antworten an, etwa im *Unusual Uses*-Test – nicht weniger als eine gesunde Vergleichsgruppe.[17] Aber etwa 90 % der Antworten sind inakzeptabel: Die Patienten wiederholen immer denselben Gebrauch (Brille – „ein Buch lesen, eine Zeitung lesen, einen Einkaufszettel lesen, ..."), sie übertragen die Verwendung von einem Gegenstand auf alle anderen („Knopf, um ein Schloss zu öffnen, Ziegel, um ein Schloss zu öffnen, ..."), sie vertauschen die Zwecke mehrerer Gegenstände oder nennen Tätigkeiten, die gar keine Verwendungen sind („aus dem Fenster schmeißen, in der Ecke stapeln, ..."). Ein gewisser Ideenfluss ist da, aber die Ideen taugen nichts. Das Stirnhirn war nicht da, um die Spreu vom Weizen zu trennen.

Denn das, so scheint es, ist die Aufgabe des seitlichen Stirnhirns. Es gestaltet Verhalten, indem es das Unerwünschte hemmt.[18] Wann immer wir den Drang zu einem Tun verspüren, und ihm dann *nicht* nachgeben, hat das seitliche Stirnhirn mit seinem Veto eingegriffen: Wenn die Hand zur Cognacflasche schleicht und man sich erinnert, dass Fastenzeit ist; wenn man sich zwingt, die Spinne auf die Hand zu nehmen, vor der man Angst hat; wenn man seine Wut bezähmt; oder wenn man bloß das ewig wippende Bein ruhig hält. Verschiedene Anteile des Stirnhirns spielen dabei etwas unterschiedliche Rollen, und möglicherweise sind auch die seitlichen Stirnhirne der beiden Hirnhälften etwas unterschiedlich beteiligt: Das linke stellt die Regeln auf, das rechte setzt sie mit seinem „Nein" durch. Aber das sind Feinheiten und Tendenzen.

Es überrascht daher nicht, dass das seitliche Stirnhirn auch unsere Fähigkeit zur Selbstkritik trägt.[19] Während Probanden sich eine missliche Situation vorstellen und darüber mit sich selbst ins Gericht gehen, werden beidseitig, aber etwas stärker links, die Teile des seitlichen Stirnhirns aktiv, die auch bei den eingangs erwähnten Studien zum divergenten Denken aufleuchteten. Sind sie hingegen aufgefordert, sich in derselben Situation Selbstbestätigung zu geben, arbeiten ganz andere Hirnbereiche. Das seitliche Stirnhirn beurteilt also nicht nur die eigene Leistung, sondern es beurteilt sie *kritisch*. Das passt zu dem, was wir gerade gelernt haben: dass dieser Teil des Stirnhirns Regeln entwirft und nörgelt, wenn sie nicht eingehalten werden.

Kritiker als Geburtshelfer der Kreativität? Auf den ersten Blick ist das kontraintuitiv. Von Goethe („Schlagt ihn tot, den Hund! Es ist ein Rezensent.") über Georg Kreisler (der Musikkritiker: „Nur für mich hat das Zuhör'n keinen Sinn, weil ich unmusikalisch bin.") bis hin zum Jazz-Musiker Ben Sidran („Nobody'd pay a quarter to hear that critic sing. If you hung him from a good hook, couldn't even swing.") haben Künstler für ihre Kritiker nie viel übrig gehabt. Eine hübsche Anekdote verdeutlicht, was Künstler sich wünschen:

Sie handelt davon, dass Thomas Mann und Hugo von Hofmannsthal sich über den Wert und Nutzen der Kritik unterhalten. Mann elaborierte gelehrt und klug, dass und wie gute Kritik den Künstler dazu bringen könne, Fehler zu erkennen und seine Fähigkeiten zu bessern. Als er geendigt hatte, atmete Hofmannsthal tief ein und brummte nur: „Ah was. G'lobt will i wer'n."

Kritik tut weh und bringt nichts Neues hervor – zumindest dann, wenn sie von außen kommt. Zugleich aber sind alle erfolgreichen Künstler die schärfsten Kritiker ihrer selbst. Der große Jazzpianist Keith Jarrett hat das selbst gesagt: „I'm my own most merciless critic onstage." Man könnte sagen, dass die Aufgabe des äußeren Kritikers dort beginnt, wo der innere Kritiker versagt hat.

Eine Untersuchung, bei welcher die kreative Tätigkeit zur Abwechslung einmal im Zeichnen bestand, untermauert die Rolle des linken seitlichen Stirnhirns als interner Kritiker.[20] Die Probanden hatten die Aufgabe, zu fiktiven Inhaltsangaben Buchcover zu entwerfen, während sie im

Magnetresonanztomografen lagen. Abwechselnd hatten sie 30 sec Zeit zum Zeichnen, gefolgt von 20 sec, um ihre Entwürfe zu bewerten. Assoziative Teile des Gehirns, vor allem solche im unteren Scheitellappen, die tätig sind, wenn wir den Geist schweifen lassen, waren besonders aktiv während des Zeichnens. In der Bewertungsphase dagegen arbeitete das linke seitliche Stirnhirn am stärksten.

Dass das seitliche Stirnhirn so eifrig am kreativen Prozess beteiligt ist, bedeutet demnach leider nicht, dass wir damit das Hirnzentrum der Kreativität gefunden haben. Zumindest nicht, wenn wir damit den neuronalen Ort meinen, aus dem die Ideen kommen. Trotzdem lehrt es uns etwas Grundlegendes über Kreativität, dass immer dann, wenn wir Ideen hervorbringen, das urteilende seitliche Stirnhirn beteiligt ist. Und zwar besonders das der „rationalen" linken Hirnhälfte.

Kreativität besteht aus zwei getrennten Prozessen. Das neuronale Netz – oder Teile davon, die wir später erkunden werden – liefert eine chaotische Masse möglicher Assoziationen, Entwürfe, Tonfolgen. Aber die fliegenden Gedankenfetzen dieses Brain-Stormings sind überwiegend unbrauchbar und wertlos. Bevor sie bewusst und mitteilbar werden, greift daher als zweiter Prozess die ordnende und auswählende Macht des Stirnhirns ein. Erst durch sein Wirken entstehen angemessene Beiträge zu einem Problem. Und nur, wenn es angemessen ist, erfüllt das Neue die Definition von „kreativ".

Das Weglassen, Fort-Kritisieren, Auswählen ist also ein zentraler, untrennbarer Bestandteil des kreativen Schaffens. Man fühlt sich an Michelangelo erinnert, der auf die Frage, wie er seine wundervollen Statuen erschaffen konnte, antwortete: „Sie sind schon im Stein. Ich schlage nur weg, was nicht dazu gehört." Nichts anderes tut das Stirnhirn.

Kreativitätsforscher haben diesen Antagonismus aus
wucherndem Material und strenger Auswahl in unterschiedlichen Begriffen und auf verschiedenen Betrachtungsebenen
beschrieben[21]: Auch die diffuse Aufmerksamkeit, die wir am
zweiten Tag als typisch für Kreative kennengelernt haben,
liefert ja einen breiten Zugriff auf zu viele Daten. Ständig die
Aufmerksamkeit zwischen der Fülle von Sinneseindrücken
zu streuen, würde angepasstes Verhalten unmöglich machen
und zur Diagnose Schizophrenie führen. Kreative Menschen brauchen daher die Fähigkeit, aus der Verstreutheit bei
Bedarf wieder zur Fokussierung zu wechseln.[22] Es ist wohl
kein Zufall, dass sich die neuronale Sammellinse der Aufmerksamkeit im seitlichen Stirnhirn befindet. Besonders im
linken. Und dass eine Leistungsschwäche derselben Region –
also des seitlichen Stirnhirns beider Hemisphären, besonders
aber der linken – unter der Bezeichnung „Hypofrontalität"
als eine neuronale Grundlage der Schizophrenie gilt. Auch
der mehr rationalistische Weltzugriff der linken Hemisphäre
im Vergleich zur ganzheitlichen rechten wiederholt dieses
Muster in zusammengefasster Form: die groben Assoziationen der rechten, welche die linke Hirnhälfte auswertet. Wie
am zweiten Tage schon angedeutet, haben sich Kreativitätsforscher daher längst darauf geeinigt, dass ein kreativer
Mensch mitnichten ein „rechtshemisphärischer" Mensch ist,
sondern einer, der die Leistungen der beiden Hemisphären
optimal integrieren kann.[23]
    Dieser Prozess, in dem zwei gegensätzliche Bestrebungen
zwingend miteinander interagieren müssen, um Neues hervorzubringen, ähnelt auffallend der natürlichen Evolution
der Arten. Hier wie dort wird durch zufällige Rekombina-
tion (von DNA-Sequenzen oder Assoziationen) die Vielfalt

erhöht, und durch Selektion werden dann die am besten angepassten Ergebnisse beibehalten. Daher passt eines zum anderen, wenn der wortmächtige Popularisierer der synthetischen Evolutionstheorie, Richard Dawkins, das Wirken der Evolution umgekehrt durch eine Allegorie aus der Schriftstellerei verdeutlicht: durch das Bild der Affen, die auf Schreibmaschinen herumhacken und dabei zwar durch reinen Zufall irgendwann auch alle Werke Shakespeares tippen werden – dies aber erheblich schneller vollbringen, wenn ein Auswahlprozess die zutreffendsten Zeichenketten zur Weiterbearbeitung auswählt. Kreativität als Evolution als Kreativität: Vielleicht betrachten wir auf den verschiedenen Ebenen des Lebens immer wieder dasselbe.

Heute war die Arbeit früh getan, daher sind Sie gerne auf Prefrontales Vorschlag eingegangen, zusammen vor dem Abendessen noch ein Bierchen zu trinken. Allmählich tüncht die Dämmerung den Himmel in Aquarellfarben; die Mondsichel wird sichtbar, während in der Flucht der Häuser die Sonne zwischen den Palazzi erscheint und die nach Westen laufende Gasse mit Gold flutet.

Da klingelt schrill des Commissario dienstliches Mobiltelephon. Hastig geht er dran, und an seiner größer werdenden Aufregung erkennen Sie, dass etwas Wichtiges geschehen sein muss. Nach wenigen Rückfragen beendet er das Gespräch und springt auf.

„Kommen Sie, Adson. Wir haben ihn!"

Zu Ihrer Überraschung läuft er nicht zu seinem Wagen, sondern schlägt stattdessen die Richtung zum archäologischen Gelände ein, das unweit des mittelalterlichen Zentrums liegt. Während er im Laufschritt und ohne Sie weiter zu beachten durch die schattigen Gassen eilt, ruft er über das Mobiltelephon Verstärkung zusammen. Sie hören, wie er verschiedenen Kollegen die Anweisung gibt, sich in den Straßen zu verstecken, die zum römischen Tempel führen.

Das Gelände des Tempels ist mit einem rostigen Zaun abgesperrt und umfasst noch einige weitere Ruinen, die vor 2000 Jahren auf dem Forum standen, daher ist der Tempel von der Straße kaum zu sehen. Die Besuchszeit ist für heute um, und so ist das Gelände menschenleer – oder sollte es zumindest sein. Vor dem schmiedeeisernen Tor, von dem der tropfige hellgrüne Lack abplatzt, wartet bereits der eilig herbeitelefonierte Ticketverkäufer mit dem Schlüssel.

„Hoffentlich quietscht das Schloss nicht", flüstert der Commissario; dann nickt er dem Ticketverkäufer auffordernd zu. Behutsam schließt dieser das – glücklicherweise gut geschmierte – Vorhängeschloss auf, hakt es aus und drückt leise die ebenso gut geölte Tür auf. Vor Ihnen her huscht Prefrontale in die Deckung, die der Fundamentrest des Lunatempels bietet. Von hier haben Sie beide den großen Tempel des Sol invictus gut im Blick.

Gleich darauf aber richtet sich der Commissario auf und geht geradewegs auf den Tempel zu. Denn die junge Frau, die sich dort zu schaffen macht, hat keine Chance zu entkommen: Sie steht hoch oben auf einer Leiter zwischen den mittleren der vier Säulen, die von dem Gebäude noch stehen, und fingert an einem Seil herum, das sie über den Architrav geschlungen hat. Etwas ist an dem Seil befestigt, liegt aber noch auf dem Boden.

„Guten Abend, Signorina", sagt Prefrontale, um auf sich aufmerksam zu machen. „Bitte versuchen Sie nicht zu fliehen. Alle Straßen, die von hier fortführen, sind besetzt."

„Merda!", hören Sie die Frau verhalten fluchen, aber ansonsten hat sie ihren Schreck im Griff. Vorsichtig steigt sie die Leiter herunter und kommt Ihnen bereitwillig entgegen.

„Sie sind festgenommen", erklärt Prefrontale knapp. „Wegen Vandalismus, Hausfriedensbruchs und wiederholter Beschädigung öffentlicher Güter."

Jetzt schaut die junge Frau ihn erstaunt an: „Wiederholt?", fragt sie.

„Selbstverständlich wiederholt!", poltert Prefrontale. „Oder wollen Sie leugnen, was Sie beim Finanzamt gemacht haben und auf der Piazza di Creta und ..." Er bricht ab, vermutlich, um nicht zu viel zu verraten. Die Verhaftete schaut ihn weiter groß an.

„Ich weiß von nichts", sagt sie.

„Das werden wir ja morgen sehen", grummelt der Commissario. „Sie können heute Nacht in Ihrer Zelle versuchen, sich zu erinnern. – Was hatten Sie hier eigentlich vor? Schauen Sie doch mal!", sagt er, zu Ihnen gewandt.

Einige hölzerne Platten, die auf dem Boden liegen, sollten anscheinend an dem Seil emporgezogen werden. Sie fassen es am Knoten und heben es hoch. Ein Mobile! Wie man es Kleinkindern über die Krippe hängt, nur erheblich größer. Sonne und Mond baumeln da, und viele gelbe Sterne.

„Entzückend", bemerkt Prefrontale trocken. „Gut, dass ich das verhindern konnte. – Kommen Sie, Signorina. Und Sie, Adson, können für heute nach Hause gehen. Ich bringe die junge Dame ins Präsidium. "

Alleine gehen Sie durch die blaudämmrigen Gassen heim. Ihnen geht durch den Sinn, was Sie heute gelernt haben: Divergentes Denken ist ein Kernmerkmal der Kreativität.

Es ist die Fähigkeit, einen Strom von Ideen aufblitzen lassen zu können wie Myriaden huschender Sternschnuppen. Ob diese Ideen musikalischer Art sind, wie beim Improvisieren, oder sprachlich, wie im *Unusual Uses*-Test, oder auch zeichnerisch, scheint für die divergente Denkfähigkeit nachrangig zu sein. Man hat Probanden im Magnetresonanztomografen alles drei tun lassen, und immer waren ähnliche Bereiche des Gehirns dabei aktiv: Netzwerke von verschiedenen Bereichen der assoziativen Cortices – überraschenderweise vorwiegend auf der linken Seite – und dabei zentral und bestimmend Bereiche des seitlichen Stirnhirns. Es waren Bereiche der motorischen Sprachrinde (Broca-Areal), die grammatische Regeln auf allen Ebenen durchsetzen, und daneben der dorsolaterale präfrontale Cortex, der Aufmerksamkeit bündelt und unerwünschtes Verhalten unterdrückt.

Regeln, Ordnung, Unterdrückung: Sollten die Bürokraten und Kritiker im Gehirn tatsächlich die Kreativität vollbringen? Nein, haben Sie gelernt: Sie überwachen und ordnen bloß den wilden Strom von Ideen, der aus den assoziativen Gebieten heranströmt. Kreative Ideenfindung besteht aus zwei gegensätzlichen Phasen: dem Schürfen roher Vorstellungen, und ihrem Schliff zu funkelnden Gedanken. Nur das Zweite erledigt das seitliche Stirnhirn.

Dies erklärt auch, warum diese Studien überwiegend die linke Hirnhälfte tätig gefunden haben. Die „ganzheitliche" rechte Hemisphäre mag zwar gut darin sein, grobe, weitgespannte Assoziationen zu knüpfen, eine breite, flexible Aufmerksamkeit über die Dinge gleiten zu lassen. Aber darin wieder auf brauchbare Gedanken zu fokussieren, das ist die Aufgabe der rationalistischen, scheinbar engstirnhirnigen linken Hemisphäre. Aus ihrem Zusammenspiel erst wird Kreativität.

Ihre Schritte haben Sie wieder nach Hause gelenkt. Es wird dunkel. Und am Himmel erstrahlen Tausende von Sternen.

****

Anmerkungen

1 Matt Ruff: Fool on the hill, dtv, S. 294f

2 Beaty, R.E.; Smeekens, B.A.; Silvia, P.J.; Hodges, D.A. & Kane, Mi.J. (2013) A first look at the role of domain-general cognitive and creative abilities in jazz improvisation. Psychomusicology: Music, Mind, and Brain 23 (4), 262–268.

3 Limb, C.J. & Braun, A.R. (2008) Neural substrates of spontaneous musical performance: an FMRI study of jazz improvisation. PLoS One 3: e1679.

4 Liu, S., Chow, H.M., Xu, Y., Erkkinen, M.G., Swett, K.E., Eagle, M.W., Rizik-Baer, D.A. & Braun, A.R. (2012) Neural correlates of lyrical improvisation: an FMRI study of freestyle rap. Sci. Rep. 2: 834.

5 Z.B. de Manzano, Ö. & Ullén, F. (2012) Goal-independent mechanisms for free response generation: creative and pseudo-random performance share neural substrates. NeuroImage 59: 772–780.

6 Aus: Beaty, R.E. (2015) The neuroscience of musical improvisation. Neurosci. Biobehav. Rev. 51: 108–117.

7 Fink, A., Grabner, R.H., Benedek, M., Reishofer, G., Hauswirth, V., Fally, M., Neuper, C., Ebner, F. &

Neubauer, A.C. (2009) The creative brain: investigation of brain activity during creative problem solving by means of EEG and FMRI. Hum. Brain Mapp. 30: 734–748.

8 Gonen-Yaacovi, G., de Souza, L.C., Levy, R., Urbanski, M., Josse, G. & Volle, E. (2013) Rostral and caudal prefrontal contribution to creativity: a meta-analysis of functional imaging data. Front. Hum. Neurosci. 7: 465.

9 Uddén, J. & Bahlmann, J. (2012) A rostro-caudal gradient of structured sequence processing in the left inferior frontal gyrus. Philos Trans R Soc Lond B Biol Sci. 367: 2023–2032.

10 Gemäß Mustrum Ridcullys souveräner Haltung zu den Gesetzen der Magie: „They're not so much rules as guidelines."

11 Jung-Beeman, M. & Bowden, E.M. (2000) The right hemisphere maintains solution-related activation for yet-to-be-solved problems. Mem. Cogn. 28: 1231–1241.

12 Katz, A.N. (1983) Creativity and individual differences in asymmetric cerebral hemispheric functioning. Empir. Stud. Arts 1: 3-16. Katz, A.N. (1986) The relationships between creativity and cerebral hemisphericity for creative architects, scientists, and mathematicians. Empir. Stud. Arts. 4: 97–108.

13 Jaušovec, N. & Jaušovec, K. (2000) Differences in resting EEG related to ability. Brain Topog. 12: 229–240.

14 Petsche, H. (1996) Approaches to verbal, visual and musical creativity by EEG coherence analysis. Int. J. Psychophysiol. 24: 145–159.

15 Jaušovec, N. & Jaušovec, K. (2000) EEG activity during the performance of complex mental problems. Int. J. Psychophysiol. 36: 73–88.

16 Aghababyan, A.R., Grigoryan, V.G., Stepanyan, A.Y., Arutyunyan, N.D. & Stepanyan, L.S. (2007) EEG reactions during creative activity. Hum. Physiol. 33: 252–253.

17 Eslinger, P.J. & Grattan, L.M. (1993) Frontal lobe and frontal-striatal substrates for different forms of human cognitive flexibility. Neuropsychologia 31: 17–28.

18 Bari, A. & Robbins, T.W. (2013) Inhibition and impulsivity: Behavioral and neural basis of response control. Prog. Neurobiol. 108: 44–79.

19 Longe, O., Maratos, F.A., Gilbert, P., Evans, G., Volker, F., Rockliff, H. & Rippon, G. (2010) Having a word with yourself: neural correlates of self-criticism and self-reassurance. NeuroImage 49: 1849–1856.

20 Ellamil, M., Dobson, C., Beeman, M.J. & Christoff, K. (2012) Evaluative and generative modes of thought during the creative process. NeuroImage 59: 1783–1794.

21 Erwähnt werden sollte hier auch der Philosoph und Kreativitätsforscher Karl-Heinz Brodbeck, der schrieb: „Niemand sagt, ich mache eine Idee, sondern mir kommt eine Idee. Doch dann setzen wieder selektive Prozesse der Auswahl und Wertung ein. Das kreative Erleben ist also ein Prozess der Bewusstwerdung: Man beachtet das Neue, das hervortritt, befreit von den unbewussten Schranken gewohnter Normen. [...] Das Bewusstsein, genauer die Achtsamkeit ist somit im kreativen Prozess das Zentrum, das sowohl das Neue einräumt wie kritisch-wertende Urteile anschließt: ‚Das Bekannte wird neu durch unerwartete Bezüge, und erregt, mit neuen Gegenständen verknüpft, Aufmerksamkeit, Nachdenken und Urteil.‘ (J. W. v. Goethe, 1963, S. 61). Man kann diese Bewegung also in zwei Phasen beschreiben: (1) als

Öffnung, als Ausweitung der Achtsamkeit, die Neues zulässt; (2) als anschließende Verengung zu konzentrierter Aufmerksamkeit, die – kritisch denkend und urteilend – auswählt (Veto). Zulassen von Neuem und kritische Wertung erscheinen als Phasen der pulsierend-kreativen Bewegung der Achtsamkeit." (Brodbeck, K.H. 2006, Neue Trends in der Kreativitätsforschung. Psychologie in Österreich 4&5: 246–253.

22 So Ansburg, P.I. & Hill, K. (2003) Creative and analytic thinkers differ in their use of attentional resources. Person. Indiv. Diff. 34: 1141–1152.

23 Kaufman, A.B., Kornilov, S.A., Bristol, A.S., Tan, M. & Grigorenko, E.L. (2010) The neurobiological foundation of creative cognition. In: Kaufman, J.C. & Sternberg, R.J. (Hrsg.) The Cambridge Handbook of Creativity. CUP, S. 216–232.

Der fünfte Tag:
Schwingen der Erkenntnis

Selbstverständlich ist es Ihre und Commissario Prefrontales erste Tat am nächsten Tag, die festgenommene junge Frau zu vernehmen. Sie gibt bereitwillig Auskunft über ihre Personalien und leugnet auch nicht, dass sie am Vorabend ein großes Mobile am Sol-Tempel anbringen wollte. Aber von allen anderen Veränderungsaktionen – „Anschlägen", wie Prefrontale sie weiterhin hartnäckig nennt – behauptet sie, nichts zu wissen.

„Nein. Wer das war, weiß ich nicht", beharrt sie.

„Aber Sie wollen uns doch nicht erzählen, dass Sie einfach von selbst drauf gekommen sind, ausgerechnet in dieser Woche illegal die Stadt zu ... *verschönern*!", poltert der Commissario. Die Beschuldigte schweigt.

© Springer-Verlag GmbH Deutschland 2018
K. Lehmann, *Das schöpferische Gehirn*,
https://doi.org/10.1007/978-3-662-54662-8_5

„Sie wissen doch etwas!", schimpft Prefrontale und fixiert sein Gegenüber durchdringend. Schweigend dehnen sich die Sekunden, ein stiller Willenskampf entbrennt.

Mitten hinein klingelt das Telefon im Büro nebenan. Prefrontale flucht. „Nun gehen Sie schon dran, Archie", faucht er Sie an. Sie unterdrücken einen Protest und nehmen ab.

Es ist Signora Amina.

„Ich dachte, Sie hätten den Täter?", fragt sie ohne viel Vorrede.

„Jaaa?", antworten Sie verwirrt.

„Wie kommt es dann, dass Beppo seit heute Gänse im Stadtpark hält?"

„Beppo, der Obdachlose? Gänse im Stadtpark?" Ihre Verwirrung wird nicht geringer.

„Ja", fährt die Reporterin fort, und sie klingt ganz fröhlich dabei. „Und am Teich gibt es jetzt einen Angelverleih. Weil wohl jemand Fische drin ausgesetzt hat."

„Aber. Aber. Der Park ist doch keine landwirtschaftliche Nutzfläche. Ohne Genehmigung können die gleich wieder einpacken."

„Oh", verkündet Amina in bester Laune, während Sie die Welt nicht mehr verstehen, „aber Beppo ebenso wie die Betreiberin des Angelverleihs haben eine Genehmigung. Ganz offiziell, mit Briefkopf von der Stadtverwaltung und allem drum und dran."

„Soll das heißen, die sind zufällig beide auf die Idee gekommen, bei der Stadtverwaltung diese absurden Genehmigungen zu beantragen", fragen Sie, als sich Ihre Verwirrung zunehmend in Ärger verwandelt, „und haben sie zufällig am selben Tag bekommen, während wir es seit Anfang der Woche nicht schaffen, jemanden bei der Stadtverwaltung an die Strippe zu bekommen?! Das ist doch hanebüchen!"

Dass Amina lacht, bessert Ihre Laune nicht gerade.

„Was die beiden sagen", erwidert sie, „ist sogar noch verrückter. Beppo behauptet, er hat heute Nacht in dem Pavillon im Park geschlafen. Und als er aufgewacht ist, war neben ihm eine Bretterwand, und dahinter gut fünfzig Gössel, und neben seinem Kopf lag ein Umschlag mit einer kleinen Erklärung und der Genehmigung. Und die Frau mit den Angeln hat die Genehmigung mit dem Schlüssel zu der Verleihhütte heute Morgen im Briefkasten gefunden. Sagt sie."

„Haben Sie schon bei der Stadtverwaltung nachgefragt, ob die Genehmigungen echt sind?", fragen Sie in sinnloser Hoffnung.

„Machen Sie Witze?", fragt Amina zurück. „Aber was ist jetzt mit Ihrer Verdächtigen?"

„Das weiß ich auch nicht", antworten Sie. „Wir halten die Presse auf dem Laufenden. Ciao."

Sie legen auf und begeben sich schweren Herzens zurück zu Prefrontale, der noch immer versucht, die junge Frau unter Druck zu setzen. Sie bedeuten ihm, mit Ihnen aus dem Zimmer zu gehen.

„Commissario", sagen Sie. „Wenn wir ehrlich sind, haben wir fast nichts gegen die Signorina vorliegen. Sie ist unbefugt über einen Zaun geklettert – das ist eigentlich alles. Das Mobile wird kein Richter als Sachbeschädigung werten."

Prefrontale schnaubt. „Pah. Sie vergessen die anderen Sachen. Das ist ..."

„Nein, Commissario", unterbrechen Sie ihn. „Das war gerade Signora Amina am Telefon. Heute Nacht hat es zwei weitere Vorkommnisse gegeben."

Der Commissario stöhnt. Sie nicken.

„Ja. Unsere Verdächtige ist nicht allein. Wir können ihr nichts anhängen. Aber", reden Sie schnell weiter, „vielleicht können Sie mit ihr handeln. Sie sorgen dafür, dass die Anzeige wegen Hausfriedensbruchs fallengelassen wird, dafür verrät sie Ihnen, was sie weiß. Denn sie weiß was."

Prefrontale denkt kurz nach, dann nickt er. „Versuchen wir's."

Sie gehen ins Verhörzimmer zurück, und Prefrontale stützt sich vor der jungen Frau mit den Händen auf den Tisch.

„Mr. Goodwin hier hat mir gerade einen Vorschlag gemacht", beginnt er und unterbreitet der jungen Frau Ihr Angebot. Sie denkt kurz nach, dann sagt sie:

„Es ist ein Netzwerk. Ich kenne kaum jemanden, und weiß nicht, was geplant wird. Aber heute Abend passiert irgendwas auf der Piazza Paradiso."

****

In seinem langen Leben wurde Nikola Tesla von vielen Blitzen getroffen. Der vielleicht folgenreichste erwischte ihn, wie er später erzählte, als 26-Jährigen in Budapest – beim Spazierengehen (darauf kommen wir zurück): Er hatte die Idee, wie ein Wechselstromgenerator zu konstruieren sei. Dass er später mithalf, Wechselstrom anstelle des von Edison favorisierten Gleichstroms für die Energieübertragung in Stromnetzen durchzusetzen, ist vielleicht diesem Einfall in einem Budapester Park zu verdanken.

Gerade wissenschaftliche Kreativität äußert sich häufig auf diese Weise: als plötzliche Erkenntnis, als Geistesblitz. Dies ist die Form von Kreativität, an die Wallas dachte, als er seine vier Phasen formulierte. Man beschäftigt sich intensiv mit einem Problem, man grübelt darüber nach, dann lässt man es ein wenig ruhen, und dann, wenn man Glück hat: rumms!

Für künstlerisches Schaffen ist dieser Ablauf seltener beschrieben worden. Wie man eine Symphonie komponieren oder ein Bild aufbauen soll, ist vielleicht kein Rätsel, das man durch Erkenntnis lösen könnte. Schriftsteller dagegen kennen das Gefühl, dass ihnen eine Geschichte „geschenkt" wurde. Schon am ersten Tag dieser Recherche haben wir J. K. Rowlings Bericht von ihrer Zugfahrt nach Manchester gelesen, als Harry Potter plötzlich vollständig vor ihrem inneren Auge stand.

Es scheint sich bei solchen Einsichten um eine andere Form von Kreativität zu handeln als beim divergenten Denken. Bei der Einsicht läuft alles auf *eine* Lösung zu, beim divergenten Denken dagegen fächert sich die geistige Suche auf möglichst viele Lösungen auf. Divergent denken kann man eigentlich immer – mal mit größerem, mal mit geringerem Erfolg –; Einsichten dagegen kann man nicht erzwingen. So überrascht es nicht, dass die beiden Fähigkeiten nur schwach korrelieren: Vergleicht man Jugendliche miteinander, dann haben diejenigen mit den originellsten Ideen tendenziell auch die meisten Einsichten. Aber während die divergente Originalität ab dem Alter von 16 Jahren nachlässt, steigt die Einsichtsfähigkeit im Gegenteil von der Pubertät bis zum reifen Erwachsenenalter an.[1]

Wir dürfen also erwarten, das Gehirn noch einmal auf andere Weise kennenzulernen, wenn wir erkunden, wie es Einsichten produziert. Man muss dabei hinnehmen, dass anstelle des lebendigen kreativen Geschehens für die Forschung nur dessen sorgsam fixierte Leiche zur Verfügung steht. Da die weltumstürzenden Erkenntnisse des durchschnittlichen Probanden nicht in hinreichend dichter Folge auftreten, um im Magnetresonanztomografen sichtbar zu sein, muss man sich mit kleinen, vorgefertigten Einsichten begnügen. Man stellt den Personen Rätselaufgaben von der Art, wie wir sie am ersten Tag unserer Fahndung kennengelernt haben: drei Worte, mit denen ein viertes auf jeweils andere Weise assoziiert ist. Die Lösung erfüllt dann, streng genommen, nicht mehr das Kreativitätskriterium, neu zu sein. Dafür tritt sie aber zuverlässig nach einigen Sekunden auf.

Der Erfolg entschuldigt diese kleine Schummelei. Während die neuronale Aktivität, die dem divergenten Denken zugrunde liegt, nebulös über den ganzen präfrontalen Cortex wabert, je nachdem, welche Aufgabe man stellt, lässt sich der Ort im Gehirn, an dem Einsichten aufleuchten, sehr genau festnageln. Und mehr noch: Man kann den Blitz der Erkenntnis nicht nur beobachten, man kann ihn sogar durch gezielte Manipulation hervorrufen.

Ersteres hat eine Forschergruppe um John Kounios und Mark Jung-Beeman aus Pennsylvania und Illinois geschafft.[2] Sie stellten ihren Probanden semantische Assoziationsaufgaben nach dem erwähnten Schema: Gegeben sind etwa „food – forward – break". Finden muss man ein Wort, das zu allen passt. Kommen Sie drauf? „fast" ist gesucht. Diese Aufgabe erfordert, dass man weitläufige Assoziationen knüpft, also nicht bloß im unmittelbaren Bedeutungsumfeld der Reizwörter bleibt. Die Forscher vermuteten daher, dass die Aufgabe Gehirngebiete beanspruchen würde, die auch bei sprachlichen Aufgaben mit ähnlichen Anforderungen aktiv sind – etwa wenn eine Information zusammengefasst werden soll, die über mehrere Sätze verteilt ist. Ein heißer Kandidat war daher von vornherein der vordere obere Schläfenlappen, und zwar der auf der rechten Hemisphäre. Das ist ein Gebiet, das ungefähr über Ihrem rechten Ohr liegt.

Während die Probanden die Aufgaben vorgesetzt bekamen, lagen sie entweder im Magnetresonanztomografen oder trugen EEG-Elektroden. Diese beiden Methoden ergänzen einander vorzüglich: Das fMRT hat eine recht ordentliche räumliche Auflösung, aber die zeitliche Auflösung ist furchtbar langsam. Bis der Sauerstoffgehalt des Blutes sich sichtbar ändert, denkt das Gehirn schon längst drei andere Sachen. Dafür liefert das EEG Aktivitätsänderungen in Echtzeit, aber man kann nur schätzen, woher sie kommen.

Die Probanden drückten Knöpfe, wenn sie die Lösung hatten, und bekundeten dann, ob sie diese durch Einsicht oder durch Ausprobieren gefunden hatten. So konnten die Gehirnsignale, die mit Einsicht einhergingen, verglichen werden mit denen, die zu einer konventionellen Lösung gehörten. Und die Hypothese bewahrheitete sich: Nur im rechten vorderen oberen Schläfenlappen fand sich in der Magnetresonanztomografie ein etwa würfelgroßes Gebiet, das aktiver war, wenn die Lösung durch Einsicht erfolgte (Abb. 1). Im entsprechenden Gebiet auf der linken Seite unterschieden sich die Aktivitäten von Einsicht und Durchprobieren dagegen nicht.

Die EEG-Versuche lieferten dann noch die Zeitkomponente dazu. Wenn Einsicht im Spiel war, ermittelte die Elektrode über dem rechten Ohr einen Schwall schneller Aktivität – und zwar schon 300 Millisekunden, ehe die Probanden mit Knopfdruck bekundeten, dass sie die Lösung wussten. Anderswo, etwa über dem linken Ohr, oder wenn Rumprobieren die Lösung gebracht hatte, war dieses Signal nicht zu finden. Und das EEG-Signal kam plötzlich, ebenso wie subjektiv auch die Einsicht empfunden wurde.

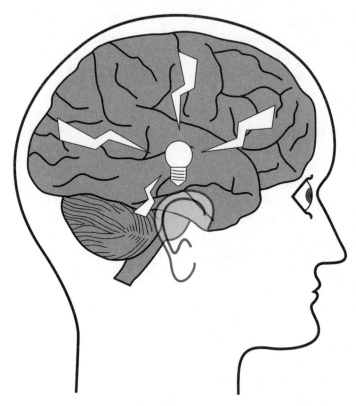

Abb. 1 Blitz und bling: Mitten im rechten Schläfenlappen flammen die Aha-Erlebnisse auf – jedenfalls die sprachlichen

Dass ausgerechnet der rechte Schläfenlappen die Einsicht vermittelte, ist erstaunlich. Denn die Sprachverarbeitung liegt bei Rechtshändern eigentlich vorwiegend links. Aber es scheint, dass der linke Schläfenlappen eher die ordentlichen, feinen Bedeutungsbeziehungen sortiert, während der rechte gröbere und fernere Assoziationen zulässt. Die Bedeutung der rechten Hemisphäre zeigt sich auch darin, dass Hinweise auf eine Lösung leichter und schneller genutzt werden, wenn sie dem linken Gesichtsfeld präsentiert werden, das in der rechten Hemisphäre abgebildet wird.[3]

Dem Denken aus der Kiste helfen

Diese Befunde sprechen also dafür, dass Aktivität im rechten Schläfenlappen mit Einsicht einhergeht. Aber ist das mehr als eine Korrelation? Kann man auch umgekehrt vorgehen und Einsichten hervorrufen, indem man den Schläfenlappen manipuliert?

Das hat der australische Neurobiologe Allan W. Snyder ausprobiert. Snyder leitet in Sydney das *Centre for the Mind*. Für Dokumentationen lässt er sich gerne dabei filmen, wie er einen überdimensionalen Gummiball durch die Arkaden seines Instituts pritscht; stets trägt er seine Schirmmütze mit dem Schirm über dem Ohr: Snyder inszeniert sich offensichtlich genussvoll als unangepassten Exzentriker. Man könnte auch sagen: Er lebt seine Theorie.

Sie kennen diese Streichholzaufgaben: Stets darf immer nur ein Hölzchen umgelegt werden, damit die Gleichung stimmt. Und stets hilft es bei Lösung gerade nicht, wenn man sich an die gewöhnlichen Rechenregeln hält: Die Frage, wie man „IV – I = V" dazu bringen kann, dass es stimmt, wird nicht gestellt. Denn sie ist langweilig. Vielmehr erfordern die Aufgaben, die wir zu sehen bekommen, stets die Fähigkeit, die man im Englischen als *think outside the box* beschreibt: die gewohnten Denkwege verlassen, die vorgegebenen Strukturen und Grenzen durchbrechen, die Aufgabe gegen den Strich bürsten, kurz: kreative Einsicht.

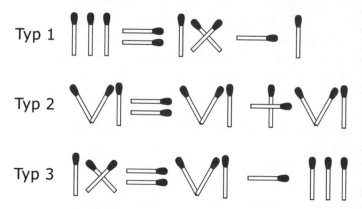

Abb. 2   Gesucht: Zündende Ideen für Zündhölzchen

In einem seiner Versuche[4] stellte Snyder den Teilnehmer an seiner Studie solche Streichholzaufgaben (Abb. 2, Auflösung in der Anmerkung[5]). Sie waren in verschiedene Typen eingeteilt. Innerhalb jedes Typs war der Lösungsweg immer derselbe. Personen, die immer wieder Aufgaben desselben Typs zu lösen bekommen, haben danach erhebliche Schwierigkeiten, bei einem anderen Typ auf die Lösung zu kommen.

Dieses Phänomen nennt Snyder *mindset*: eine Denkgewohnheit, eine unbewusste Routine, wie etwas wahrgenommen oder ein Problem angegangen wird. Sozialwissenschaftler würden etwas Ähnliches wohl als „Stereotypen" bezeichnen, Kognitionspsychologen als „Schemata": mentale Schubladen, vorgefertigte Denkschablonen. Es erscheint naheliegend, dass sie uns zwar helfen, reibungslos den Alltag zu bewältigen, aber hinderlich sind, wenn wir eine neuartige Herausforderung bewältigen sollen. *Mindsets* laufen sozusagen automatisiert. Aber wenn eine Aufgabe nicht in ein *mindset* passt, dann ist es ebenso hilfreich wie schwierig, dieses *mindset* zu verlassen.

Snyder half dabei: Er platzierte eine Magnetspule über dem Kopf des linken Schläfenlappens, also ungefähr über dem Gehörgang. Wurde diese eingeschaltet, dann unterband das starke, fokussierte Magnetfeld die elektrische Aktivität der Nervenzellen. Während die Probanden über einem Problem eines neuen Typs brüteten, wurde so der linke vordere Schläfenlappen vorübergehend lahmgelegt. Und tatsächlich: In zwei Kontrollgruppen lösten nur 20 % der Probanden das Problem innerhalb von sechs Minuten, aber in der Stimulationsgruppe waren es 60 %.

Die Idee ist: Indem Snyder den linken Schläfenlappen blockierte, begünstigte er den rechten. Die beiden Hemisphären hemmen sich oft gegenseitig, und die gewöhnlich dominante linke Hemisphäre lässt die rechte bisweilen nicht zu Wort kommen. Nun, da der rechte Schläfenlappen ungehemmt assoziieren konnte, fiel es ihm leichter, das ordentliche, enge *mindset* zu verlassen, das die linke Hemisphäre durchsetzen wollte.

Dass die Aktivität des linken vorderen Schläfenlappens uns dazu bringt, das zu sehen, was wir erwarten, anstelle dessen, was da ist, demonstrierte Snyder in anderen Versuchen: Zeigte er zum Beispiel bekannte englische Sprichwörter, in die er Rechtschreibfehler eingebaut hatte, dann wurden diese Fehler von Probanden mit eingeschalteter Spule über dem linken Ohr deutlich häufiger entdeckt. Sie sahen nicht, was sie erwarteten, sondern nur, was da war.

Wie gesagt: Diese Schemata, *mindsets*, sind meistens nützlich, sonst hätte uns die Evolution nicht damit ausgestattet. Bei Routineaufgaben erlauben sie eine sparsame und schnelle

Informationsverarbeitung. Aber bei neuen Herausforderungen wäre es doch wünschenswert, man könnte sie vorübergehend abschalten. Da ist es tröstlich, dass es keiner Spule am Schädel bedarf, um diese Schemata aufzubrechen.

In Nijmegen hat die Kreativitätsforscherin Simone Ritter einem großen Raum sozusagen eine Illusion aufgelegt[6]: Probanden bekommen in diesem Raum eine Datenbrille aufgesetzt, die ihnen das Innere der Uni-Cafeteria vorspiegelt. Sie können sich frei bewegen und den virtuellen Raum erkunden. Gelegentlich geschehen dabei seltsame Dinge: Da liegt ein Aktenkoffer auf einem Tisch, aber je näher man ihm kommt, desto kleiner wird er. Ein Spielzeugauto stößt eine Flasche vom Tisch, doch statt zu Boden zu fallen, steigt sie zur Decke auf. Die Gesetze der Physik gelten in diesem virtuellen Raum nicht.

Nachdem die Probanden nur drei Minuten mit der Datenbrille in dem Raum verbracht hatten, sollten sie aufzählen, was alles Geräusche macht – also divergent denken. Je vielfältiger ihre Antworten dabei ausfielen – also nicht bloß „Hammer, Säge, Bohrer", sondern „Bohrer, Husten, Amsel, Wind" –, desto mehr Punkte gab es. Diejenigen Probanden, die in der virtuellen Realität seltsame Dinge erlebt hatten, erwarben sich so mehr Punkte als diejenigen, die nur die altbekannte Cafeteria gesehen hatten. Die neuen Erfahrungen hatten das starre Gerüst ihrer *mindsets* gelockert.

Nun hat nicht jeder ständig eine virtuelle Realität im Keller installiert. Doch zum Glück ist es nicht einmal nötig, dass Erfahrungen den Naturgesetzen widersprechen, um Kreativität anzuregen. Es genügt, wenn sie kulturelle Regeln brechen. Eine andere Studie[7] hat gezeigt, dass Kreativität damit korreliert, wie viel Zeit man im Ausland verbracht hat. Eine fremde Kultur zu erleben mit den vielen kleinen und großen Regelunterschieden zur eigenen, die Herausforderung, sich auf andere Deutungen und Gepflogenheiten des Umgangs einzulassen – schon das ist anscheinend imstande, starre Denkgewohnheiten aufzubrechen.

Dies erinnert wiederum an das, was wir im zweiten Kapitel über die kreative Persönlichkeit gelernt haben: dass sie sich neben Intelligenz v. a. durch Neugier auszeichnet. Es könnte doch sein, dass kreative Menschen aktiv und laufend nach einer Herausforderung ihrer Denkgewohnheiten suchen, um dadurch zu neuen Einsichten befähigt zu werden.

Sehen, was nicht da ist

Snyder verdankt seine Ideen zur Kreativität seiner Forschung an Autisten. Eine kleine Minderheit von Autisten – aber jene, an die fast jeder sofort denkt, wenn er „Autist" hört – zeigt auf einzelnen Gebieten eine außerordentliche Leistungsfähigkeit: Inselbegabungen. Es sind die sogenannten *savants* – Autisten, die kaum sprechen oder sich im Alltagsleben zurechtfinden können, die aber, wie Stephen Wiltshire, nach einem kurzen Rundflug über Rom ein wandfüllendes Panorama der Stadt in allen Einzelheiten zeichnen oder, wie Kim Peek, Tausende dicker Bücher auswendig rezitieren können. Snyder sieht darin „autistisches Genie" und eine besondere Form von Kreativität. Indem er mittels einer Magnetspule, die er an die Schläfe anbringt, den linken Schläfenlappen des Gehirns blockiert, kann er solche besonderen *savant*-Leistungen auch bei gesunden Probanden hervorrufen. „You could call this a creativity-amplifying machine", sagt er in einer Reportage über dieses Gerät.[8]

Wenn ein zeichnerisch unbegabter Journalist befähigt wird, eine passable Katze zu Papier zu bringen, und die fünf-jährige Nadia, ein autistisches Kind, ein lebensechtes Pferd in vollem Galopp mit sicherem Strich skizziert,[9] dann ist das zweifellos beeindruckend. Aber ich bin nicht überzeugt, dass wir damit die Funktionsweise von Kreativität wirklich erfasst haben. Snyder räumt selbst ein, dass „gesunde" Kreativität vielleicht der autistischen genau entgegengesetzt ist – beruht sie doch nicht darauf, genau zu sehen, was da ist, sondern im Gegenteil darauf, zu sehen, was nicht da ist (Abb. 3).

Abb. 3   Da sind nur Flecke. Um auf dem Bild etwas zu erken-nen, muss man sehen, was eigentlich gar nicht vorhanden ist

Lassen Sie mich das mit einem kleinen spekulativen Ausflug illustrieren. Warum hatten Neandertaler keine Kunst? Sie waren uns nah verwandt, kannten das Feuer, Werkzeuge, Bestattungen, auch Schmuck. Sie dekorierten sich und ihre Gebrauchsgegenstände und legten ihren Toten Blumen mit ins Grab. An einem Sinn für optische Wirkungen, vielleicht auch für Schönheit, mangelte es ihnen sicherlich nicht, auch nicht an handwerklicher Geschicklichkeit. Trotzdem gibt es kein einziges Werk darstellender Kunst von Neandertalern. Warum nicht?

Frühe künstlerische Hervorbringungen werden nicht auf dem Niveau einer Zeichnung von da Vinci oder einer Rodin-Skulptur begonnen haben. Vermutlich hat der erste Künstler einen auffallend aussehenden Stein entdeckt und seinen Kumpanen zugerufen: „Schaut mal, der sieht ja aus wie eine Frau!" Oder einen trockenen Ast, und „der sieht aus wie ein Pferd!" Und weil nicht jeder das sofort sah und einige Huckel tatsächlich den Eindruck störten, ergriff der erste Künstler sein Steinmesser und schnitzte die Huckel weg. Wir alle können diesen Vorgang heute im Grunde täglich beobachten. Nämlich wenn ein Kleinkind ein unförmiges Gebilde aus Bauklötzen vorzeigt und erklärt: „Guck mal, Papa, das ist eine Rakete."

Kunst und damit jegliche künstlerische Produktion beruht auf der Bereitschaft, etwas zu sehen, was gar nicht da ist. Wir modernen Menschen haben diese Bereitschaft; sie ist ständig vorhanden. Sie zeigt sich etwa, wenn wir in der Marmorierung einer Badezimmerfliese ein spöttisches Gesicht entdecken und den Vogel Rok in den Wolken und wiederum ein Gesicht (es sind meistens Gesichter) in einem Baumstumpf. Pareidolie heißt dieser Vorgang auf Schlau.

Meine Hypothese lautet nun einfach: Neandertaler waren der Pareidolie nicht fähig. Für sie war ein Baumstumpf immer nur und nichts anderes als ein Baumstumpf. Nie sah ein Stein für sie aus wie eine Frau oder ein Ast wie ein Pferd. Damit konnte auch keine weitere künstlerische Produktion entstehen: kein Wegschnitzen von Huckeln, kein Drang, das Stück noch zu verbessern, keine Entwicklung künstlerischer Raffinesse.

Diese Hypothese wird sich vermutlich nie belegen lassen. Das Problem fängt schon damit an, dass sich die Wissenschaft bislang noch nicht sehr für Pareidolie interessiert hat. Wir wissen daher gar nicht, wie sie entsteht und welche Gehirngebiete außer der Sehrinde daran beteiligt sind. Es werden wohl Gebiete in den Schläfenlappen sein, denn dorthin verläuft der sogenannte „Was"-Pfad. Das ist der visuelle Verarbeitungsweg, der erkennt, WAS wir gerade sehen – im Gegensatz zum parietalen „Wo"- oder „Wie"-Pfad, der Ort und Bewegung analysiert. In den Schläfenlappen – nämlich ganz unten – befindet sich auch der fusiforme Gyrus. Das ist die Hirnwindung, die für Gesichtserkennung zuständig ist. Und etwas weiter oben und vorne liegt derjenige Bereich der Schläfenlappen, den Snyder lahmlegte, um die *mindsets* seiner Probanden aufzubrechen.

Und da ist es doch immerhin interessant, dass Ausdehnung und Länge der Schläfenlappen bei Neandertalern kürzer waren als bei modernen Menschen.[10] Verschiedene Forscher bringen diese und damit zusammenhängende Unterschiede damit in Verbindung, dass Neandertaler geringere soziale Fähigkeiten hatten und darum auch nur kleinere Gruppen bilden konnten. Vielleicht – wenn Snyder Recht hat und Autisten ebenso wie Probanden mit blockiertem linken Schläfenlappen Zugang zu den Rohdaten der Wahrnehmung haben – waren die Neandertaler allesamt ein bisschen autistisch. Vielleicht waren sie nicht so gut darin, Gesichter und Mimik zu unterscheiden. Und waren darum auch nicht sehr daran interessiert, Gesichter in die Welt zu projizieren, die ihnen ohnehin nichts gesagt hätten.

Wie gesagt: Dies ist bloße Spekulation und beweist nichts. Es illustriert nur, warum Kreativität nicht darauf beruht, zu sehen, was da ist, sondern darauf, zu sehen, was nicht da ist.

Übrigens kann man meine Hypothese zwar nicht beweisen, aber einfach widerlegen: Wenn Menschenaffen zur Pareidolie ebenso fähig sind wie Menschen (was sich mit einem einfachen Kategorisierungstest ermitteln ließe), dann darf man davon ausgehen, dass unsere gemeinsamen Vorfahren diese Fähigkeiten den Neandertalern ebenso vererbt haben wie den Menschenaffen und uns.

Es könnte sein, dass Einsicht und das Aufbrechen von *mindsets* nur einen Aspekt der Kreativität erklären. Es stimmt einerseits, dass es nötig ist, vorgefasste Denkroutinen zu verlassen, um neuartige Lösungen zu finden. Es stimmt aber auch andererseits, dass ein beträchtlicher Teil von produktiver Kreativität darin besteht, etwas zu verwirklichen, was man bereits sieht, obgleich es noch gar nicht da ist. Wenn man bildende Künstler dabei beobachtet, wie sie ein Porträt zeichnen, dann geht dem ersten Strich eine längere Phase voraus, in welcher der Künstler sinnierend auf das leere Blatt schaut, mit gelegentlichen raschen Blicken zum Modell.[11] Es scheint, dass der Künstler seine Komposition vorab visualisiert. So sah auch Michelangelo die Skulptur, die er erschaffen wollte, bereits im Marmorblock schlummern, aus dem er sie nur noch befreien musste.

Dies trifft nicht nur auf bildende Künstler zu. Vom genialen Erfinder Nikola Tesla heißt es, er habe manche seiner

Geräte bis in alle Einzelheiten im Geiste entworfen, und es dann nicht mehr der Mühe wert gehalten, sie zu Papier zu bringen. Mozart konnte seine Stücke im Kopf fertig komponieren und brauchte sie dann nur noch zu notieren. Beethoven war imstande, die großartigste Musik der Welt zu schreiben, ohne einen Ton davon hören zu können. Schriftsteller beschreiben bildhaft und lebendig historische oder phantastische Szenerien, die niemand je gesehen hat. Michael Ende beschrieb das im „Zettelkasten" (S. 294) als Bedingung für einen guten Schriftsteller: „Vor allem muss man sich alles, was man erzählen und beschreiben will, ganz genau vorstellen, so genau, dass man es wirklich in der Phantasie vor sich sieht bis in die kleinsten Einzelheiten. [...] Beim Schreiben genügt es dann, sich auf das Wesentliche, das Charakteristische zu beschränken. Man muss sich also *viel mehr* vorstellen, als dann im geschriebenen Text steht. Auf eine merkwürdige und sogar geheimnisvolle Art überträgt sich diese genaue Vorstellung trotzdem auf den Leser."

Die Liste von Künstlern, die für ihre hervorragende Vorstellungsgabe bekannt sind und z. T. selbst auf diese hingewiesen haben, ist beeindruckend[12]: Neben den oben erwähnten Personen wären Bohr, Crick, Descartes, Einstein, Nietzsche und, ja, auch Snyder unter den Wissenschaftlern zu nennen, Dalí, Hitchcock, Kandinsky unter den Künstlern, Asimov, Borges, Poe, Goethe und Schiller unter den Schriftstellern, Beethoven, Berlioz, Brahms, Mozart, Puccini, Wagner unter den Komponisten – und auch das ist nur eine Auswahl.

Angesichts so illustrer Beispiele überrascht es, dass der Zusammenhang von Vorstellungsgabe und Kreativität überhaupt nicht gesichert ist. Es hat nicht an Studien gefehlt, die diesen Zusammenhang finden wollten.[13] Und das ist gefährlich, denn wenn Leute etwas finden wollen, dann haben sie meistens auch Erfolg. So war es auch: In den meisten Studien ergibt sich ein positiver Zusammenhang zwischen Vorstellungsgabe und divergentem Denken. Doch als Nicholas LeBoutillier und David Marks[14] eine Metaanalyse dieser Studien vornahmen, also alle Ergebnisse zusammen einer statistischen Auswertung unterzogen, da tröpfelte am Ende der Analysen ein kärgliches Ergebnis heraus: Ganze 3 % der interindividuellen Unterschiede im divergenten Denken können durch unterschiedlich starke Vorstellungsgabe erklärt werden.

Das überrascht. Sind Vorstellungsgabe und Kreativität nicht geradezu dasselbe? Wie können sie so wenig miteinander zusammenhängen? Liegt es daran, dass Genies nicht bloß eine stärkere Vorstellungsgabe haben, sondern sogar eine qualitativ verschiedene – wie Einstein und Faraday mit ihrer Fähigkeit zum nichtsprachlichem Denken? Das mag im Einzelfall stimmen, aber bei sehr vielen Geistesgrößen entsprechen ihre Berichte von ihren Tagträumereien dem, was Sie und ich auch tun. Daher ist vielleicht eher das Gegenteil der Fall: Die meisten Menschen behaupten, sie hätten eine überdurchschnittlich gute Vorstellungsgabe. Also ist die Vorstellungsgabe vielleicht eine Voraussetzung für Kreativität – aber eine, die bei allen Menschen gegeben ist. Vielleicht – eine weitere Möglichkeit – befeuert die Vorstellung auch gar nicht die Kreativität an sich, sondern dient nur der Ausführung kreativer Gedanken, ist also eine Fähigkeit ähnlich wie Zeichnen, Sprachbeherrschung oder Kontrapunktik. In diesem Sinne sieht der amerikanische Zahntechniker Harold Shavell[15] in einer guten Vorstellungskraft sogar den Schlüssel zu „dentaler Künstlerschaft"!

Und schließlich – als letzte Möglichkeit – könnte es sein, dass in all den Studien Kreativität auf die falsche Weise untersucht wurde. Sie alle konzentrierten sich auf das divergente Denken. Die psychologischen und neurobiologischen Mechanismen der vorstellenden Phantasie laufen aber vielmehr auf Einsicht zu. Es scheint keine Studie zu geben, welche die Beziehung von Vorstellungsgabe und Einsichtsfähigkeit untersucht hat. Doch interessanter als Untersuchungen zu individuellen Unterschieden, die sich letztlich auf die Leistungsfähigkeit der „Besten" fokussieren, ist, wie wir seit zwei Tagen gesehen haben, ohnehin die Frage, wie Vorstellungsgabe und Einsicht in *jedem von uns* zusammenarbeiten. Wieder nicht „Wer ist kreativ?", sondern „Wie funktioniert Kreativität?"

Einsicht . . . nehmen

Tatsächlich hat Innensicht etwas mit der Einsicht zu tun: Der Kreativitätsforscher John Kounious hat gezeigt,[16] dass vor dem Aufleuchten der Einsicht im vorderen Schläfenlappen die Aktivität im der Sehrinde sinkt: Wir schalten die Außenwahrnehmung herunter, wenn wir eine Erkenntnis ausbrüten. Wie Kounios im Interview (BBC) sagt, entspricht das der Beobachtung, dass wir den Blick abwenden, wenn wir nachdenken. Insbesondere vermeiden wir es in solchen Phasen, einem Gegenüber ins Gesicht zu schauen, denn nichts lenkt uns mehr ab als Gesichter.

Die Einsicht entsteht also aus der Konzentration auf die inneren Bilder. Wir haben die zur Verfügung stehenden Informationen gesammelt, wir haben sie in unser internes Assoziationsnetz eingebaut: Jetzt besteht die Aufgabe darin, in diesem schwankenden und noch unvollständig geknüpften Netzwerk von Wissen die Abkürzung zu entdecken. Den Knoten, der alles ordnet. Und dazu befreien wir uns von äußeren Störungen.

Dasselbe tun wir interessanterweise, wenn wir unsere Vorstellungsgabe bemühen: Wenn Personen in Untersuchungen aufgefordert werden, sich Ereignisse bildlich vorzustellen, dann sind zwar sekundärsensorische Gebiete aktiv: also solche, in denen vollständige innere Repräsentationen, also Vorstellungen, verarbeitet werden. Diese Aktivitäten sind nicht nur spezifisch für die jeweilige Sinnesmodalität: Sie hemmen sich auch wechselseitig. Das heißt: Werden die Personen aufgefordert, sich Töne innerlich zu vergegenwärtigen, dann senken die höheren visuellen Felder ihre Aktivität. Sollen sie sich etwas bildlich vorstellen, dann verstummt die Hörrinde. In beiden Fällen aber schweigen die primärsensorischen Gebiete, also diejenigen Rindenfelder, die unmittelbar Informationen von den Sinnesorganen erhalten.[17]

Auch dies entspricht der Alltagserfahrung: Wenn Sie sich etwas ausmalen – sei es eine Erinnerung, sei es ein Wunschtraum –, dann nehmen Sie die Welt kaum noch war. Ihre Augen mögen zwar offen sein, starren aber blicklos ins Leere.

Die Tätigkeit unserer Vorstellungsgabe ist also (und während ich ein passendes Bild suche, sind meine Augen gerade nach links auf die völlig uninteressante Ecke zwischen Tapete und Regal gerichtet) so etwas wie die brodelnde Ursuppe, aus der plötzlich eine lebendige Einsicht entspringt. Oder wie ein sich drehendes Kaleidoskop, dessen bunte Scherben plötzlich in eine sinnvolle Form fallen.

Diese Vergleiche treffen es noch nicht ganz. Denn beim kreativen Tun ist die Vorstellungsgabe ja nicht nur der

Ursumpf, den die Geisteserzeugnisse längst verlassen haben. Vielmehr arbeitet sie laufend weiter, arrangiert das Wissen ständig neu, wie ein Tangramspiel, bei dem man ein gefundenes Muster behält und daran weiterbaut.

Um noch bessere Bilder zu finden, könnte ich jetzt einen Spaziergang machen. Denn das hilft nachweislich: Laufen – ohnehin das Beste, was Sie Ihrem Gehirn antun können – fördert die Einsicht. Und zwar deswegen, weil es zunächst einmal das Tagträumen fördert. Dieser Effekt funktioniert sogar, wenn Sie durch die Flure Ihrer Wohnung oder Ihres Büros stromern, aber es klappt noch etwas besser, wenn Sie nach draußen gehen.[18]

Das liegt daran, dass Sie draußen mit einiger Wahrscheinlichkeit Bäume und Büsche, Rasen und Blumen wachsen sehen werden. Zahlreiche Studien haben gezeigt, dass bereits der Anblick von Pflanzen die Qualität von Einfällen verbessert, ganz zu schweigen von drei Tagen in der Wildnis – die steigern die Einsichtsfähigkeit enorm.[19] Liegt das an der pflanzlichen Lebendigkeit, an dem Wuchern und Gedeihen, dem strotzenden Leben des Grüns? Nö. Wie Psychologen in München vor einigen Jahren herausfanden, genügt der Anblick eines grünen Rechtecks, um im divergenten Kreativitätstest zwar nicht die Zahl, aber die Originalität der Antworten zu steigern.[20] Keine andere Farbe konnte es in der Wirkung mit Grün aufnehmen.

Grüne Rechtecke in allen Ehren, aber Spazierengehen und Wandern bereiten als Methoden der Kreativitätsförderung erheblich mehr Freude und sind überdies für Körper und Geist gesund. Notfalls geht es jedoch auch anders: In Versuchen von Jonathan Schooler half auch das stumpfsinnige Sortieren von Legosteinen dabei, neue Nutzungen für den

Ziegelstein zu finden. Jede anspruchslose Aufgabe, die Sie beschäftigt hält, während das Denken auf Reisen geht, hilft. Sie brauchen also kein schlechtes Gewissen zu haben, wenn in den Monaten, in denen Sie eine Abschlussarbeit schreiben, Ihre Wohnung aussieht wie geleckt. Sie drücken sich gar nicht vor dem Schreiben: Sie bieten beim Putzen und Räumen nur der Erkenntnis Gelegenheit, sich einzustellen.

Wir haben heute herausgefunden, dass Geistesblitze in den vorderen Schläfenlappen aufleuchten – und zwar insbesondere auf der rechten Seite des Gehirns. Dort scheinen Neuronengruppen zu sitzen, die entscheiden, *was* ist. Neuronengruppen, die aus den verfügbaren Sinnes- und Assoziationsdaten eine Interpretation erstellen. Der linke vordere Schläfenlappen hält dabei so stur wie möglich an einer vorgefassten Deutung fest, der rechte hingegen sucht ständig neue Deutungen. Wenn Allan Snyder daher den linken vorderen Schläfenlappen mit transkranieller Magnetstimulation vorübergehend ausschaltet, bekommt der rechte die Chance, ungebremst Ideen auszubrüten.

Diese Ideen speisen sich aber nicht allein aus den lokalen Netzwerken vorne im Schläfenlappen. Sondern dort werden nur Sinnesdaten kombiniert, die überall in der Großhirnrinde verteilt liegen. Wenn wir die Aufnahme neuer Informationen unterbrechen, und dem Gehirn Zeit lassen, sich ordnend mit dem Gewusel angehäufter Kenntnisse zu befassen, können diese zu neuen, überraschenden Einsichten verknüpft werden. Die Einsicht heißt aus gutem Grund so: Sie entspringt dem Hinein-Sehen, nicht dem Hinaus-Sehen.

Das Neue gedeiht aus dem dumpfen Urgrund in unserm Inneren. Wir sind bei unseren Erkundungen auf das Tagträumen gestoßen: Das sinnierende Spiel mit Gedanken und

Assoziationen, das die Grundlage für schöpferische Erkenntnis zu sein scheint. Es ist an der Zeit, in diesen dunklen Grund
des Gehirns hinabzusteigen.

****

Da ergibt es sich günstig, dass Commissario Prefrontale Sie
soeben angerufen hat. Es dämmert. Es ist Zeit.

Sie treffen ihn in einem Tordurchgang, der auf die Piazza
Paradiso führt. Der Platz spottet wahrhaftig seines Namens:
Groß, rund, gepflastert und von leicht schäbigen Mietshäu-
sern umsäumt, dient er als Parkplatz. Vor den Haustüren
lagern die Tonnen und Tüten voller Altglas, das am nächsten
Morgen abgeholt werden soll. An den Einmündungen der
vier Zufahrtsstraßen stehen beiderseits gerupfte Weißdorn-
bäume, die zerschnitzt, geknickt, halb verdorrt und kaum
lebendig sind. Ansonsten: grau.

Der Tipp der jungen Frau klingt glaubwürdig: Wenn es
einen Ort in der Stadt gibt, an dem der Täter jeden Grund
zum Eingreifen hätte, dann ist es die Piazza Paradiso. Und
tatsächlich scheint etwas geplant zu sein. Denn wie auf ein
geheimes Zeichen hin ist die Mitte des Platzes frei von par-
kenden Autos. Während die Dämmerung immer grauer
wird, zünden Sie sich – unter Prefrontales missbilligendem
Blick – eine Zigarette an, und Sie stehen schweigend auf
Ihrem Beobachtungsposten.

Es ist geheimnisvoll still. Leise nur plappert ein Fernseher
durch ein gekipptes Fenster, sonst rührt sich nichts auf dem
nun nächtlichen Platz, an dessen Rändern doch Hunderte
von Menschen wohnen.

Umso signalhafter wirkt das Geräusch des Lastwagenmotors, das sich nun plötzlich nähert. Der Diesel nagelt, und etwas quietscht und klappert auf der Ladefläche. Zielstrebig fährt der Laster zur Mitte des Platzes. Der Motor wird abgestellt. Ein Mann springt aus dem Führerhaus und entriegelt die hintere Klappe der Ladefläche, auf der ein Bagger steht. Er zieht zwei Planken herab und hat kaum zwei Minuten nach der Ankunft den Kleinbagger auf den Platz gefahren.

„Zugriff?", fragen Sie. Aber Prefrontale winkt abwartend mit der Hand.

Obgleich der Bagger laut ist, scheint keiner der Anwohner etwas zu bemerken. Ein großes Loch wird in der Mitte des Platzes ausgehoben, der Abraum sogleich in große Säcke verfüllt. Offensichtlich ist alles bestens geplant: Der Bagger hebt einen großen Metallring von der Ladefläche, der als Beetbegrenzung dienen soll, und senkt ihn in das Loch. Es folgen einige Säcke mit Boden, dann ein großer Baum mit schenkeldickem Stamm. Alles geht schnell und professionell. Trotzdem schlägt eine nahe Kirchturmuhr Mitternacht, als der Täter die Pflasterung um das Beet repariert.

„Bereit zum Zugriff", raunt Prefrontale. Da sehen Sie eine Bewegung an der gegenüberliegenden Zufahrt zum Platz. Sie machen den Commissario darauf aufmerksam.

Im Schatten der Häuser ist vage ein großer Handkarren auszumachen, der leicht wippt, so als halte ihn ein ungeduldiger Jemand, den man nicht erkennen kann, an den Haltegriffen. Dann, während der Pflasterer sein Werkzeug zusammensucht – der Bagger ist längst wieder auf der Pritsche verstaut –, verharrt der Handwagen, und eine weibliche Gestalt huscht auf den Platz. Unbemerkt vom Baumpflanzer greift sie sich Altglasbehälter und schleppt sie zu ihrem Wagen.

„Ils sont deux", entfährt es Ihnen.

„Mr. Goodwin, wir sind hier nicht in Nizza", weist Prefrontale Sie zurecht.[21]

„Was tun wir?", fragen Sie. Prefrontale entscheidet schnell.

„Ich bin mit dem Auto hier. Ich folge dem Kerl im Laster. Sie lassen das Mädchen nicht aus den Augen."

Sie nicken, und schon läuft der Commissario los. Gleich darauf springt der Lastermotor an. Zunächst noch schwerfällig schiebt er sich vom Parkplatz und beschleunigt, als er eine Zufahrtsstraße erreicht. Als er Ihren Blicken entschwindet, hängt sich Prefrontales dunkler Wagen an ihn. Dann sind sie beide fort, und das Duett aus rumpelndem Diesel und sonorem Benziner verklingt in der Ferne.

Die Frau mit dem Handkarren hat keine Zeit verloren. Sie steht bereits neben dem neu gepflanzten Baum und sortiert die eingesammelten Flaschen. Dann geht sie mit dem Handkarren um den Platz und sammelt weiteres Glas ein, bis nichts mehr auf dem Bürgersteig verbleibt. Was hat sie vor?

Längere Zeit ist nur das Klirren und Klicken sortierter Flaschen zu hören, während die Frau hinter den geparkten Autos kauert. Endlich kommt sie wieder in Ihr Gesichtsfeld. Sie hantiert mit einer langen Rolle Draht, während sie mit der linken Hand Flaschen aussucht. Anscheinend baut sie etwas aus den Flaschen. Aber Sie müssen näher heran, um Genaueres zu sehen.

Also schleichen Sie sich hinter einigen Autos zum Zentrum der Piazza, bis Sie nur noch ein Kombi vom Geschehen trennt. Aus der Nähe ist der Baum – wenig überraschend – als Apfelbaum zu erkennen. Um ihn herum sind zahllose Flaschen nach Farben sortiert. Und zwischen diesen huscht die Frau hin und her. Sie sucht Flaschen aus, für das Gebilde, das beginnt, einen Kreis um den Apfelbaum zu formen. Ein im Licht ihrer Taschenlampe und der Straßenlaternen funkelnder, glitzernder Glasreif, ein seltsam organisch wirkender Wurm aus Flaschen, der gleichsam der Erde zu entspringen scheint und sich mit ungeahnter Eleganz um den Baum windet. Vor Ihren Augen wächst das Gebilde Flasche um Flasche heran, mit lichter, durchsichtiger Bauchseite und einem grün-braunen Muster auf dem Rücken. Sie können nicht anders, als gebannt zuzuschauen.

Schließlich werden zwei gelbe Flaschen als Zähne des Glastieres eingepasst, während einige blaue und rote Flaschen seinen Kopf zieren, der oberhalb der Stelle, wo der Schwanz aus dem Erdreich tritt, zuzubeißen scheint. Was ist es? Ein Saurier? Eine Schlange? Ein Drache?

Die Künstlerin hat fast alle Flaschen verbraucht. Sie wirft Drahtrollen und Zangen auf ihren Handwagen, räumt die letzten Flaschen in eine Plastiktüte und schiebt den Wagen davon. Sie folgen ihr.

****

Anmerkungen

1   Kleibeuker S.W., De Dreu, C.K.W. & Crone, E.A. (2013) The development of creative cognition across adolescence: distinct trajectories for insight and divergent thinking. Developmental Science 16(1): 2–12.

2   Jung-Beeman, M., Bowden, E.M., Haberman, J., Frymiare, J.L., Arambel-Liu, S., Greenblatt, R., Reber, P.J. & Kounios, J. (2004) Neural activity when people solve verbal problems with insight. PLoS Biology 2(4): 500–510.

3   Bowden, E.M. & Jung-Beeman, M. (2003) Aha! Insight experience correlates with solution activation in the right hemisphere. Psychon. Bull. Rev. 10: 730–737; Fiore, S.M. & Schooler, J.W. (1998) Right hemisphere contributions to creative problem solving: Converging evidence for divergent thinking. In: Beeman, M. & Chiarella, C. (Hrsg.) Right hemisphere language comprehension: Perspectives from cognitive neuroscience. Mahwah, N.Y.: Lawrence Erlbaum Associates. S. 349–371.

4   Chi, R.P. & Snyder, A.W. (2011) Facilitate insight by non-invasive brain stimulation. PLoS ONE 6(2): e16655.

5

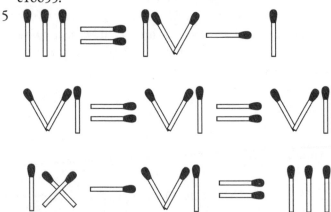

6 Ritter, S.M., Damian, R.I., Simonton, D.K., van Baaren, R.B., Strick. M., Derks, J. & Dijksterhuis, A. (2012) Diversifying experiences enhance cognitive flexibility. J. Exp. Soc. Psychol. 48: 961–964.

7 Leung, A.K., Maddux, W.W., Galinsky, A.D. & Chiu, C. (2008) Multicultural experience enhances creativity: The when and how. Am. Psychol. 63: 169–181.

8 Osborne, L. (2003) Savant for a day. New York Times vom 22.6.2003.

9 Selfe, L. (1977) Nadia: A Case of Extraordinary Drawing Ability in an Autistic Child. Cambridge (MA): Academic Press.

10 Bastir, M., Rosas, A., Gunz. P., Peña-Melian, A., Manzi, G., Harvati, K., Kruszynki, R., Stringer, C. & Hublin, J.-J. (2011) Evolution of the base of the brain in highly encephalized human species. Nat. Commun. 2: 588.

11 Locher, P.J. (2010) How does a visual artist create an artwork? In: Kaufman, J.C. & Sternberg, R.J. (Hrsg.) The Cambridge of Creativity. Cambridge University Press.

12 LeBoutillier, N. & Marks, D.F. (2003) Mental imagery and creativity: A meta-analytic review study. Brit. J. Psychol. 94: 29–44.

13 Durndell, A. J., & Wetherick, N. E. (1977). The relation of reported imagery to cognitive performance. Brit. J. Psychol. 67: 501–506.

14 S. Anmerkung 12.

15 Shavell, H.M. (2013) Mental imagery: The key to dental artistry. J. Esthetic Restor. Dentistry 25(1): 4–15.

16 Salvi, C., Bricolo, E., Franconeri, S.L., Kounios, J. & Beeman, M. (2015) Sudden insight is associated with

shutting out visual inputs. Psychon. Bull. Rev. (2015) 22: 1814–1819.

17 Zvyagintsev, M., Clemens, B., Chechko, N., Mathiak, K.A., Sack. A.T. & Mathiak, K. (2013) Brain networks underlying mental imagery of auditory and visual information. Eur. J. Neurosci. 37: 1421–1434.

18 Oppezzo, M. & Schwartz, D.L. (2014) Give your ideas some legs: the positive effect of walking on creative thinking. J. Exp. Psychol. 40(4): 1142–1152.

19 Atchley, R.A., Strayer, D.L. & Atchley, P. (2012) Creativity in the wild: improving creative reasoning through immersion in natural settings. PLoS ONE 7(12): e51474.

20 Lichtenfeld, S., Elliot, A.J., Maier, M.A. & Pekrun, R. (2012) Fertile green: green facilitates creative performance. Psychol. Bull. 38(6): 784–797.

21 Wenn Sie diese Anspielung nicht verstehen, dann gönnen Sie sich mal wieder einen Hitchcock-Filmabend. „Nizza" ist das Stichwort.

Der sechste Tag:
In die dunklen Bezirke

Die Flaschenkünstlerin schiebt ihren Handkarren Richtung Altstadt. Eng stehen die Häuser, deren staubüberzogenen Putz vereinzelte Laternen in gelbes Licht tauchen. Drohend gähnen schwarze Toreinfahrten. Eine Zeit lang ist nur das Rumpeln des Karrens auf dem Kopfsteinpflaster zu hören, und Sie kämpfen gegen das Gefühl beängstigender Einsamkeit. Aber dann erscheinen andere Personen auf der Straße. Sie treten aus Haustüren und Seitengassen und schlendern wie Sie zum Zentrum der Altstadt. Obgleich die meisten allein sind und nicht sprechen, lichtet sich das Gefühl der Verlassenheit. Dumpf und noch bruchstückhaft ist Musik zu vernehmen: Trommelschläge, ein hohes, durchdringend quäkendes Instrument. Sie erinnern sich, dass es Freitagnacht ist: Das Nachtleben in der Altstadt wird heute bis zum Morgen dauern.

© Springer-Verlag GmbH Deutschland 2018
K. Lehmann, *Das schöpferische Gehirn*,
https://doi.org/10.1007/978-3-662-54662-8_6

Spät, zu spät bemerken Sie, dass die dichter werdende Menschenmenge es erlaubt, darin unterzutauchen. Nur einen Moment sind Sie abgelenkt gewesen, doch jetzt: Wo ist die Frau mit dem Handkarren? Hastig laufen Sie auf die Mitte der Straße, wo die Sicht am offensten ist. Nirgends ist der Karren zu sehen. Doch als Sie sich zum Bürgersteig zurückwenden, erblicken Sie ihn: Er steht – wenn es dieser ist – abgestellt in einer Tordurchfahrt. Verdammt! Wo ist die Künstlerin?

Sie laufen einige Schritte und rempeln fast eine Gruppe von Passanten an. Fragend und vorwurfsvoll drehen sie Ihnen die Köpfe zu, und Sie blicken in buntgeschmückte Masken. Eine Entschuldigung murmelnd eilen Sie weiter, aber da laufen Ihnen etliche Menschen, die aus einer Seitengasse kommen, in Tierkostümen in den Weg. Die Musik wird jetzt lauter, und Leute beginnen zu tanzen, raumgreifend, gestenreich, sie fassen Sie an den Händen oder verstellen Ihnen den Weg.

Dort – ist das nicht die Künstlerin? Ganz weit vorne, zwischen Tänzern in spektakulären Kostümen, meinen Sie kurz ihren Rücken zu erkennen. Ein letztes Mal versuchen Sie, die Frau einzuholen, doch da kommt ein langer, chinesischer Stoffdrache von der Seite, getragen von bestimmt einem Dutzend Feiernden. Als Sie endlich vorbei können, ist die Frau weg.

Während Sie einen Augenblick verschnaufen, geht ein gutgekleideter Mann vorüber. Er trägt einen mürrisch blickenden Nashornkopf und schreitet durch eine Nebengasse davon – sie heißt Vicolo Stanislao Lepri. Sie fühlen sich wie in einem Traum. Die Welt ist gleichzeitig still und voller Geräusche: Die Töne scheinen die allumfassende Stille nur aufzuspannen, die akustische Leere nur zu akzentuieren. Treibende, wilde Trommelmusik erklingt. Hornrufe schallen geheimnisvoll zwischen den Backsteinhäusern und verstummen wieder. Sie taumeln weiter, geraten in eine bunte Schar riesiger Vögel, die Sie erst auf den zweiten Blick als Stelzengänger erkennen. An einer barocken Kirche kommen Sie vorüber. Aus ihrem geöffneten Portal stürzt Orgelmusik, alle Register gezogen, ein tobender Wildbach aus Tönen, virtuos, dramatisch, pathetisch. Doch nur eine Ecke weiter herrscht Stille. Der süßlich-würzige Duft von Marihuana hängt in der Luft. Ein Gitarrenlied erklingt.

Ihre Sinne verwirren sich. Der verrückte Reigen um Sie herum scheint sich an Wildheit zu steigern. Obgleich Sie die Stadt kennen wie Ihre Wohnung, wissen Sie bald nicht mehr, wo Sie sind, können kaum noch Traum und Wirklichkeit unterscheiden. So benommen sind Sie vor Müdigkeit, Erschöpfung, Sinnestaumel und süßlichen Dämpfen, dass Sie fliegende Teppiche zu sehen meinen, ein wandelndes Skelett, einen Kentauren.

Dann – und das wenigstens ist Wirklichkeit ... oder? – erblicken Sie plötzlich Commissario Prefrontale. Er liegt auf den Stufen einer Rotlichtbar. Betrunken? Ohnmächtig? Betäubt? Sie schauen sich hilfesuchend um, versuchen, die Aufmerksamkeit der Passanten zu locken. Vergeblich. Neben dem Commissario kniend, blicken Sie in wild tanzende und zuckende Beine, Ihre Rufe gehen unter in rasender Trommelmusik, schrillem und doch melodischem Flöten, treibenden Bässen. Ihnen steht der Schweiß auf der Stirn.

Da, als Sie um Ihren Verstand fürchten, durchdringt ein Hahnenschrei das Getöse – klar und melodisch wie von einer Oboe gespielt. Tatsächlich hat sich der Himmel im Osten gelb verfärbt. Und jetzt erscheint die Sonne. Binnen Minuten greifen ihre Strahlen nach den Hausdächern, tasten sich in die ansteigenden Gassen. Und ehe Sie sich versehen, hat sich die Menge aufgelöst. Feiernde verschwinden in Türen und Höfen, verwandeln sich in graue Gestalten, die hastig zur Arbeit eilen. Schon sind Sie fast allein auf der Straße.

Endlich schaffen Sie es, Prefrontale zu sich zu bringen. Er schaut Sie aus roten Augen an. „Gehen wir schlafen", sagt er. „Schlafen."

Was tut das Hirn, wenn es nichts tut?

Wo kommen die Ideen her? Bisher haben wir erfahren, dass der Nucleus accumbens, gesteuert von Dopaminfasern und unterem Stirnhirn, uns antreibt, unsere Ideen umzusetzen. Dass das seitliche Stirnhirn die Ideen auswählt und ordnet. Und dass zumindest sprachliche Ideen an den vorderen Schläfenlappen zünden. Wir haben also viel darüber herausgefunden, wie Ideen verarbeitet werden. Aber: Woher kommen sie?

Einen Hinweis haben immerhin schon die Untersuchungen gegeben, die gezeigt haben, wie man Ideen aus ihren dunklen Verstecken hervorlockt: Spazierengehen ist die Methode der Wahl; sie hat schon Tesla in Budapest geholfen. Auch die Entspannung durch ein warmes Bad scheint zu helfen, denn genau dort hatte Archimedes sein Heureka-Erlebnis. Was geschieht dabei? Was passiert im Gehirn, wenn sich, wie wir gesehen haben, kurz vor der Erleuchtung die Lider schließen und der Blick nach innen richtet?

Machen Sie die Augen zu. Entspannen Sie sich.

So. Wieder da? Was haben Sie getan? Über das Gehirn nachgegrübelt? Oder sich vielmehr gefragt, was es heute Abend zu essen geben soll? Oder können Sie es gar nicht mehr so genau sagen?

Wenn wir unsere Aufmerksamkeit von der Welt abwenden, dann fängt das Bewusstsein an, sich um die Innenwelt zu kümmern. Wir fangen dann an, uns statt mit der Gegenwart mit Vergangenheit und Zukunft zu beschäftigen. Wir grübeln, phantasieren oder ergehen uns in Tagträumen. Gelegentlich steigen dabei Gedanken empor, wie Gasblasen aus dem Teersee der Seele. Gedanken, von denen wir gar nicht wussten, dass sie dort unten gären. „They who dream by day are cognizant of many things which escape those who dream only by night", beschrieb Poe diesen Quell der Einsicht („Die im Wachen träumen, haben Kenntnis von tausend Dingen, die jenen entgehen, die nur im Schlaf träumen."). Folgerichtig zapfte C. G. Jung diese Ader an, wenn er nach Archetypen suchte. Er ließ seine Patienten mit geschlossenen Augen frei assoziieren, sie ihre Tagträume erzählen. Sofern seine Aufzeichnungen nicht allzu redaktionell geschönt sind, kamen dabei die tollsten Geschichten heraus.

Auf ähnliche Weise schürfte der mystisch-surrealistische Maler Edgar Ende im Bergwerk der Bilder (Abb. 1). Sein Sohn stellte den Vorgang so dar:

„Er schloss sich in seinem Atelier ein, meistens verdunkelte er es sogar völlig, legte sich auf das Sofa und konzentrierte sich. Wie er mir einmal erklärte, bestand die Schwierigkeit dieser Konzentration nicht etwa darin, sich auf einen bestimmten Gedanken, auf eine bestimmte Vorstellung zu konzentrieren, sondern auf nichts. Jede Absicht musste vergessen, jeder Gedanke zum Schweigen gebracht, jede Vorstellung

Abb. 1   Edgar Ende – Lazarus wartet. Vielleicht auf Inspiration?

ausgelöscht werden. Mit völlig leerem Bewusstsein, aber in einer Art gesteigerter Wachheit wartet er nun. [...] Über kurz oder lang [...] stellten sich Bilder ein; Bilder völlig anderer Art, als normale Vorstellungen oder Erinnerungen sie hervorzubringen vermögen, nicht schemenhaft undeutlich, sondern von gestochener Schärfe, oft sogar verkleinert wie durch einen umgekehrten Feldstecher gesehen. Er konnte auf den Inhalt der Bilder keinerlei Einfluss nehmen, sie also nicht etwa durch Phantasietätigkeit willkürlich verändern."[1]

Es überrascht, dass eine ganz ähnliche Darstellung aus dem Reich der Musik überliefert ist. Bilder aus dem Inneren können offensichtlich Maler inspirieren; auch Schriftsteller, die mit dem Pinsel des Gedankens und der Farbe der Worte die Bilder zu Papier bringen. Auch Wissenschaftler und Erfinder können sicherlich in Bildern denken. Aber Komponisten? Und ausgerechnet Johannes Brahms, der „Klassiker unter den Romantikern"? Anders als seinen Freund und

Mentor Schumann würde man den kühlen Brahms nicht unbedingt mit Schaffensrausch und halbbewusster Inspiration in Verbindung bringen, sondern eher mit nüchtern-rationalem Tonsatz. Und trotzdem soll er gesagt haben[2]: „Takt für Takt wird mir das fertige Werk offenbart, wenn ich mich in dieser seltenen, inspirierten Gefühlslage befinde. (…) Ich muss mich im Zustand der Halbtrance befinden, um solche Ergebnisse zu erzielen, ein Zustand, in welchem das bewusste Denken vorübergehend herrenlos ist und das Unterbewusstsein herrscht, denn durch dieses, als einem Teil der Allmacht, geschieht die Inspiration."

Dass aus dem vermeintlich Irrationalen, dem Un- und Unterbewussten die Eingebungen erwachsen, haben Künstler und Denker immer geahnt. Erst seit wenigen Jahren aber beginnt die Neurobiologie zu verstehen, was dabei geschieht.

Denn auch, wenn der Mensch vermeintlich untätig ist, ist sein Gehirn es nicht. Das Problem, was ein „Standby"- oder Hintergrundzustand des Gehirns sein könnte, war zunächst einfach ein methodisches. Wenn man untersuchen will, wie bestimmte Reize oder Inhalte vom Gehirn verarbeitet werden, dann benötigt man einen Vergleich: Die experimentell verursachte Aktivität muss sich unterscheiden von einem Bezugszustand. So kam der *Default*-Modus, die Ruheaktivität des Gehirns, in den Blick der Forschung.

In meinem Labor arbeite ich beispielsweise mit dem optischen Ableiten intrinsischer Signale. Diese Technik nutzt, wie die funktionelle Magnetresonanztomografie, den Umstand aus, dass aktives Nervengewebe Sauerstoff verbraucht und dadurch den Sauerstoffgehalt des Blutes verringert. Sie deckt diese Veränderung aber nicht durch magnetische Signale auf, sondern einfach optisch, nämlich dadurch, dass venöses, sauerstoffarmes Blut bekanntlich dunkler ist als sauerstoffreiches. Wenn man das Gehirn (bei uns: einer Maus) mit rotem Licht bestrahlt und mit einer guten Kamera beobachtet, dann kann man sichtbar machen, wie sich durch bestimmte Reize die Helligkeit des Gewebes ändert.

Diese Technik ist schon so alt wie gute digitale Kameras, aber lange Jahre über hatte sie genau das eben geschilderte Problem: Um die neuronalen Veränderungen sichtbar zu machen, die beispielsweise durch einen Sehreiz wie ein Gitter einer bestimmten Orientierung ausgelöst werden, braucht man einen Vergleich, ein „Blank", während dessen die Sehrinde des Gehirns vermeintlich nicht arbeitet. Üblicherweise ist das ein grauer Bildschirm. Aber es ist naiv und unbiologisch, anzunehmen, das Gehirn täte nichts, wenn es einen grauen Bildschirm sieht. Sondern dann sieht es halt „grau" und verarbeitet „grau". Folglich braucht man sehr, sehr viele Vergleichsbilder vom Gehirn und sehr viel Zeit, um mit dieser Methode verlässliche Karten einer Hirnregion anfertigen zu können.

Mittlerweile arbeiten wir mit einer verbesserten Methode, die dieses Problem umgeht, indem sie die Signale zeitlich kodiert. Und in den meisten bildgebenden Studien am Menschen stellt sich das Problem ebenfalls nicht, weil gute Wissenschaftler als Vergleichsbedingung eine Tätigkeit definieren, die der untersuchten Funktion in allem gleicht, außer dem relevanten Faktor. Also bei der Suche nach divergentem Denken: Versuchsbedingung ist Improvisieren, Vergleichsbedingung ist Auswendigspielen.

Selten aber bleibt als Vergleichsbedingung nur das Nichtstun. Doch wenn Probanden in der engen Röhre des

Tomografen liegen und nichts tun sollen, dann tun sie das, was Sie gerade getan haben, als ich Sie bat, die Augen zu schließen: Sie fragen sich, was sie am Abend kochen sollen und ob sie dafür noch einkaufen müssen und wie lange das Experiment wohl noch geht, und erinnern sich an das nette Lächeln des Laborassistenten und fragen sich, ob man dem Vermieter nicht am Morgen eine schnippische Antwort hätte geben sollen, als er gemotzt hat, und ... Jedenfalls tun sie nicht nichts.

Und das kann für die Forschung verheerend sein. Denn die Gehirnaktivität bei diesem Grübeln und Tagträumen wird ja von der Gehirnaktivität bei der eigentlichen Aufgabe abgezogen, um die relevanten Unterschiede zu finden. Aber wenn man die Versuchspersonen nicht grübeln, sondern als Vergleich z. B. sehr einfache Rechenaufgaben lösen lässt, erhält man eine andere Vergleichs-Gehirnaktivität und damit auch andere relevante Aktivierungen durch die Aufgabe.

Nun, Problem erkannt – Problem gebannt: Jeder gute Hirnforscher hat heute seine Vergleichsbedingungen im Griff. Doch als Nebenprodukt purzelte bei der Problemlösung die Erkenntnis heraus, dass es Gehirngebiete gibt, die aktiv werden, wenn der Mensch nichts tut.

Es war der amerikanische Hirnforscher Marcus Raichle, der diese Hirnregionen als Erster beschrieb und untersuchte.[3] Er stellte fest, dass bei vielen ganz verschiedenen Aufgaben, die ganz verschiedene Gehirngebiete in Betrieb setzten, nicht etwa auch ganz verschiedene Gebiete stillgelegt wurden – im Gegenteil: Es gibt eine begrenzte Menge von Regionen, die immer dann in Schweigen verfallen, wenn Aufmerksamkeit gefordert ist. Egal wofür. Im Umkehrschluss bedeutet das: Diese Gebiete sind immer dann aktiv, wenn gerade keine Aufmerksamkeit gefordert ist. Und weil diese Aktivität dann der durchschnittlichen Grundaktivität des Gehirns entspricht, weil es also der *Default*-Zustand ist, dass diese Gebiete aktiv sind (und eben *nicht*, dass wir aufmerksam sind), darum taufte er diese Gehirngebiete: *Default Mode Network* (DMN).[4]

Welche Regionen sind das? Drei Foki treten besonders hervor: das mittlere Stirnhirn, der hintere zinguläre Cortex und der seitliche Scheitellappen (Abb. 2).

Wenn sie „mittleres Stirnhirn" lesen, werden Sie vielleicht mit den Augen rollen und denken: Nun hatten wir schon das untere und das seitliche Stirnhirn, muss jetzt noch das mittlere dazukommen? Je nun, das Stirnhirn ist bei Menschen anteilig größer entwickelt als bei jedem anderen Tier und hat sich dabei selbstverständlich in unterschiedlich spezialisierte Bereiche aufgeteilt. Das untere Stirnhirn macht Bewertungen, das seitliche Regeln, und das mittlere – Gefühlskontrolle. Seine Funktion überlappt sich mit den Funktionen

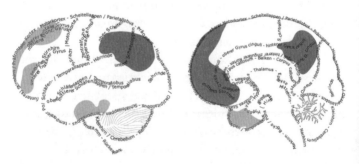

Abb. 2 Die Hauptbestandteile des *Default Mode*-Netzwerks. Helleres Grau kennzeichnet Gebiete, die nicht regelmäßig dazu gerechnet werden

des unteren und des seitlichen Stirnhirns. Das ist nicht verwunderlich, denn im eng verwobenen Netzwerk Gehirn sind Grenzen immer nur als Übergänge zu verstehen. Aber was das mittlere Stirnhirn besonders gut kann, ist, sozusagen das innere Milieu zu regulieren: Ängste zu unterdrücken, soziale Emotionen zu regulieren und dabei zu unterscheiden, was von außen kommt und was dem Selbst zugeschrieben wird.

Der zweite Eckpunkt des DMN ist ein unauffälliges Rindengebiet hinter dem Balken, der die beiden Hemisphären verbindet. Der sogenannte zinguläre Cortex umgibt den Balken im oberen Bereich. Er ist die Nabe des DMN; er sitzt in der Mitte und ist besonders stark mit allen anderen Bestandteilen verbunden. In dieser zentralen Rolle fungiert er sozusagen als Hauptschalter für das DMN. Nach oben hin, zur Innenkante der Hemisphären, geht der hintere zinguläre Cortex über in den Präcuneus (cuneus, der „Keil", ist der Hinterhauptslappen, in dem das Sehen sitzt). Auch er wird häufig zum DMN gezählt und ist, so unauffällig er daherkommt, doch eines der wichtigsten Gebiete des Gehirns. Denn er überwacht die aktuelle Position, die der Mensch in seiner räumlichen und sozialen Umwelt einnimmt, und erzeugt damit wahrscheinlich das Selbst.[5]

Und schließlich der seitliche Scheitellappen. Gemeint ist ein recht großes, strukturiertes Areal, das vom Übergang zwischen Scheitel- und Schläfenlappen ausgehend ein Stück nach oben reicht. Entsprechend vielfältig sind seine Funktionen[6]: Aufmerksamkeit, Gestaltwahrnehmung, Bewegungserkennung, Gesichtsverarbeitung u. v. m. Das sollte nicht verwundern oder entmutigen: Das Gebiet liegt am Zusammenfluss mehrerer Sinnesfelder, nahe an der semantischen Sprachrinde und mithin im Brennpunkt der komplexen assoziativen Verarbeitung. Viele der aufgezählten Funktionen werden jedoch auch anderswo im Gehirn geleistet; für das DMN hingegen ist eine Fähigkeit des seitlichen Scheitellappens relevant, die für ihn typisch ist: der Perspektivwechsel. Wieder und zum dritten Male tritt hier der soziale Aspekt hervor. Der seitliche Scheitellappen ist beteiligt, wenn wir uns in andere hineinversetzen, wenn wir versuchen, uns ihre Reaktionen auf unser Verhalten vorzustellen, aber auch ganz konkret, wenn wir uns in Gedanken körperlich an ihre Stelle versetzen. Plakativ deutlich wird das daran, dass Störungen in diesem Gebiet zu außerkörperlichen Erfahrungen (*out of body-experiences*) führen können.

Weitere Gehirngebiete, wie der Hippocampus (der die Erinnerungen bildet) und Teile des Schläfenlappens gruppieren sich am Rande mit dazu. Aber das Grundgerüst des DMN besteht aus diesen drei Rindenfeldern: dem mittleren Stirnhirn, dem hinteren zingulären Cortex und dem seitlichen Scheitellappen. Immer wenn Sie sonst nichts tun, werden diese drei aktiv.

Natürlich stellte sich damit sogleich die Frage, wozu so ein Netzwerk gut sei. Das Gehirn verbraucht eine ganze Menge Energie. Da muss es einen guten Grund haben, wenn Teile davon sozusagen im Stand-by unablässig tätig sind. Was tun sie, wenn wir nichts tun?

Zu weiten Teilen lässt sich die Funktion des Netzwerkes aus dem erschließen, was wir über seine Einzelknoten gelernt haben. Da ging es ziemlich viel um Introspektion, Selbstbild, Selbstverortung. Schon in seiner Erstbeschreibung des DMN nahm Raichle an, dass sich daraus seine Aufgabe ergibt: ein stabiles, kontinuierliches Selbst zu erschaffen. Diese Deutung harmoniert damit, dass wir umgekehrt bei den Gelegenheiten, in denen das DMN völlig inaktiv ist – nämlich bei konzentrierter, aufmerksamer Tätigkeit –, besonders selbstvergessen agieren. Dazu im nächsten Kapitel mehr.

Das Selbst, das vom DMN konstruiert wird, ist kein stählernes Gerüst, kein unsinkbarer Kreuzer auf den dunklen Fischgründen der Erinnerung. Eher gleicht es einer Eisscholle, die sich in einem Gleichgewicht von Tauen und Frieren auf den kabbelnden Strömungen dieser tobenden See hält. Darunter liegt das sogenannte Unbewusste, liegen die autobiographischen Erinnerungen, Wünsche, Träume, Ängste. Sie sind der Stoff, aus dem das DMN ein Selbstbild friert, das den Eindruck biografischer Kontinuität erweckt.

So lässt sich erklären, dass messbare Aktivität des DMN mit geistigen Prozessen zusammenfällt, die keine faktische Erinnerung oder Deduktion erfordern, sondern Introspektion, Simulation und Einschätzung. Das DMN ist der Ursprung unserer Tagträume,[7] es arbeitet, wenn wir geistesabwesend und zerstreut sind, wenn wir sinnieren, abschweifen, grübeln, uns die Zukunft vorstellen. Dann, mit anderen Worten, wenn uns die kreativen Ideen kommen.

Man kann sich das sogar experimentell zunutze machen: Wie jeder weiß, sind wir am ehesten abgelenkt, wenn uns eine Aufgabe langweilt. Darum ließ die Arbeitsgruppe von Jonathan Schooler die Personen, die an ihrer Studie teilnahmen, entweder eine anspruchsvolle oder eine öde Aufgabe durchführen, nachdem sie ein erstes Mal im *Unusual uses*-Test geprüft worden waren.[8] Anschließend wiederholten sie den Test und gaben außerdem an, wie viel sie während der Aufgabe ihren Geist hatten schweifen lassen. Wie erwartet, hatten die angeödeten Probanden mehr taggeträumt – und sie verbesserten sich auch im Kreativitätstest, im Gegensatz zu den hart beanspruchten Teilnehmern an der Studie. Was Archimedes und Tesla schon erfuhren, wird hier bestätigt:

Beim Baden und Spazierengehen, nicht beim konzentrierten Erbringen einer Leistung, haben wir die besten Ideen. Oder beim Rumsitzen in einer verspäteten Bahn wie Joanne Rowling. Wenn in den letzten Jahren wieder vermehrt das Lob der Muße gesungen wird, hat das hier seine neurobiologische Begründung. Dass wir uns zunehmend von unseren ständig fordernden Mobiltelefonen zu Tätigkeit und Gegenwärtigkeit zwingen lassen, macht Erforschern des DMN bereits Sorgen. Gibt es doch Untersuchungen, die darauf hindeuten, dass dadurch die Fähigkeiten verloren gehen, sich in andere hineinzuversetzen und sie moralisch zu berücksichtigen – also introspektive und soziale Kernaufgaben des DMN.

Ein gut ausgebildetes DMN bringt nicht nur moralische, sondern auch kreative Leistungen hervor. Das beginnt schon damit, dass es Träger der Intelligenz ist, die ja die Grundlage hoher Kreativität ist. Je stärker die Regionen des DMN funktional miteinander interagieren, desto höher ist der IQ.[9] Auch wenn man die Intelligenz herausrechnet, korreliert die Effizienz des DMN hoch mit dem Persönlichkeitsfaktor „Offenheit für Erfahrungen".[10] Es ist aber auch direkt mit Kreativität verbunden. So sind die Verbindungen des seitlichen Stirnhirns (das ja selbst nicht zum DMN gehört) in das DMN bei kreativen Menschen besonders stark ausgeprägt, und zwar in alle drei Kernbereiche.[11] Verbale Kreativität korreliert mit der Cortexdicke des Präcuneus,[12] und, wie kürzlich erst gezeigt wurde, ist die Hirnrinde in Teilen des DMN auch dicker bei Menschen, die regelmäßig kreativ Musik machen – also komponieren oder arrangieren.[13]

So verdanken wir also der Fähigkeit, mal abzuschalten und uns in uns selbst zu versenken, unsere besten Ideen. Und was, wenn wir das Abschalten noch weiter treiben? Und der Welt für einige Zeit ganz verloren gehen? (Abb. 3)

Abb. 3 Der Schlaf (oder Traum) der Vernunft produziert
Monster. F. Goya, Capricho Nr. 43

Der Schlaf der Vernunft

Einerseits erscheint es als Dichotomie: Schlafen oder Wachen. Aus oder An. Entweder oder.

Doch andererseits gibt es Übergänge. Konzentrierte, tätige Wachheit ist nur ein Extremzustand, der nicht lange durchzuhalten ist. Schon sinkt man wieder ab ins müßige Sinnieren, und dies verdunkelt sich unmerklich zum Dösen, dann zum Schlaf, zum Tiefschlaf, zum Traum. An der Stelle, wo wir das Bewusstsein verlieren, ziehen wir eine Grenze, definieren einen mentalen Sonnenuntergang. Doch in den körperlichen Signalen gibt es diese Grenze nicht. Die Muskeln, total angespannt in der Anstrengung, entspannen sich weiter und weiter, bis zur völligen Lähmung im Traum. Die dominierenden Wellen der Hirnrinde, wie man sie im Elektroenzephalogramm sieht, werden von Konzentration bis Tiefschlaf durchgehend rhythmischer und langsamer (im Traum allerdings wieder schnell). Bewirkt wird das dadurch, dass die Ausschüttung der aminergen Transmitter gegenüber der Ausschüttung von Acetylcholin immer niedriger wird, bis im Traumschlaf Letzteres überwiegt.

Bei näherer Betrachtung gibt es auch in den Bewusstseinsprozessen keinen einfachen Kippschalter zwischen Wachen und Schlafen. Wissenschaftler ließen ihre studentischen Probanden vierzehn Tage und Nächte lang je viermal am Tag vermerken, was gerade in ihnen vorging (dazu wurden sie auch während bestimmter Schlafphasen gezielt geweckt). Die Häufigkeit von Halluzinationen nahm dabei von aktiver Wachheit (so gut wie keine) über Ruhe, Einschlafphase, Tiefschlaf und Traumschlaf ständig zu. Gedanken dagegen hatten die Befragten in der Ruhe etwas häufiger als in Aktivität, danach aber ließ die Häufigkeit monoton über die Stadien nach.[14] Die beiden geistigen Zustände – Denken und Halluzinieren – sind einander komplementär, und beide folgen einem fließenden Übergang zwischen Hellwachheit und Traum.

Was in der Muße gilt, das könnte also mehr noch im Schlaf gelten – und im Traum. Und tatsächlich gibt es ja keinen normalen Geisteszustand, in dem wir so einfallsreich sind wie im Traum. Da erleben wir phantastische Abenteuer, werden zu surrealistischen Künstlern, fügen buntgewürfelte Assoziationen zusammen. Den „Königsweg zum Unbewussten" nannte Freud den Traum. Mithin auch Königsweg zur Kreativität?

Es gibt berühmte Beispiele von Einsichten, die im Traum kamen. August Kekulé nickte vor dem Kaminfeuer ein, als er gerade über die Struktur von Benzol grübelte: „Wieder gaukelten die Atome vor meinen Augen. Kleinere Gruppen hielten sich diesmal bescheiden im Hintergrund. Mein geistiges Auge, durch wiederholte Gesichte ähnlicher Art geschärft, unterschied jetzt größere Gebilde von mannigfacher Gestaltung. Lange Reihen, vielfach dichter zusammengefügt. Alles in Bewegung, schlangenartig sich windend und drehend. Und siehe, was war das? Eine der Schlangen erfasste den eigenen Schwanz und höhnisch wirbelte das Gebilde vor meinen Augen. Wie durch einen Blitzstrahl erwachte ich und verbrachte den Rest der Nacht, um die Konsequenzen der Hypothese auszuarbeiten."

Auch die Ideen zu dem Experiment, mit dem er die chemische Reizübertragung vom Vagusnerven auf das Froschherz nachwies, kamen Otto Loewi nach eigenem Bekunden in der Osternacht im Traum. Er wachte auf, schrieb sie auf einen

Zettel und schlief wieder ein. Am nächsten Morgen konnte er sein Gekritzel nicht mehr lesen, aber zum Glück kam der Traum in der folgenden Nacht wieder. Diesmal ging er sofort in sein Labor, führte das Experiment durch und bekam dafür 1938 den Nobelpreis.

Und der amerikanische Erfinder Elias Howe fand in einem dramatischen Traum die lange gesuchte Lösung für die Konstruktion der Nähmaschine: In dem Traum war er Gefangener von Wilden, deren Häuptling ihm 24 Stunden für den Bau der Nähmaschine gab. Er schaffte es nicht und wurde zum Richtplatz geschleppt. Da sah er, dass die Speere seiner Bewacher eine Öse an der Spitze hatten, und erkannte die Lösung: Die Nadel musste ihr Öhr ebenso an der Spitze tragen, nicht, wie bei Handnähnadeln, am Ende. Während er den Häuptling um Aufschub anbettelte, erwachte er und ging an die Arbeit.

Die Wissenschaft hat mittlerweile bestätigt, dass diese Anekdoten mehr sind als unterhaltsame Zufälle. In einem wegweisenden Experiment gab der Schlafforscher Jan Born (damals noch Lübeck, jetzt Tübingen) den Teilnehmern an seiner Untersuchung einfache Denkaufgaben auf:[15] Aus einer Abfolge von acht Ziffern musste nach zwei schlichten Regeln, die schrittweise angewandt wurden, eine neue Folge von sieben Ziffern gewonnen werden, deren letzte als Lösung galt. Dabei waren die Ausgangsfolgen so konstruiert, dass die letzten drei Ziffern der neuen Folge immer die vorangegangenen drei Ziffern spiegelten – also etwa „1 9 1 4 4 1 9". Stets war also die zweite Ziffer auch die Lösung. Wer das erkannte, konnte mithin die Bearbeitung der Aufgaben enorm beschleunigen.

Die Teilnehmer an der Studie lösten drei solcher Aufgaben entweder am Morgen – dann blieben sie bis zum Abend wach – oder am Abend, wonach sie entweder schlafen durften oder die Nacht durchmachen mussten. Dann, immer genau acht Stunden nach dem ersten Test, bekamen sie zehn neue Aufgaben derselben Art vorgesetzt. Ungefähr ein Viertel der Personen, die bis dahin wach geblieben waren – egal ob tags oder nachts –, kamen im Verlauf des Tests auf den Kniff. Doch bei denen, die geschlafen hatten, war es über die Hälfte. Im Schlaf hatte das Gehirn also weiter an den Aufgaben gearbeitet, hatte anscheinend die Zahlenfolgen durchgekaut und neuronal durchgewalkt, bis sich das verborgene Muster latent verfilzt hatte. Das passt zu dem sich in den letzten Jahren auftürmenden Berg von Befunden, die beweisen, wie wichtig Schlaf für die Kognition ist: Wer ausgeschlafen ist, kann sich neue Dinge besser merken. Und wer nach dem Lernen gut schläft, behält das Gelernte auch besser. Und gewinnt – so zeigt der Versuch von Born – daraus womöglich auch neue Einsichten.

Selbstverständlich fragt man sich sofort: In welcher Schlafphase denn? Die Schlafstadien mögen in vielerlei Hinsicht ein Kontinuum darstellen, doch andererseits heißt der Traumschlaf nicht ohne Grund auch „paradoxer Schlaf". Mitten aus dem bewusstlosen Dunkel des Tiefschlafs erhebt sich das Gehirn etwa alle anderthalb Stunden zu Inseln munterer Aktivität, veranstaltet ein Feuerwerk von Träumen, ein Kaleidoskop von Bildern, während der Körper bis auf die sich rasch bewegenden Augen gelähmt ist (daher auch REM-Schlaf – *rapid eye movements*). Die völlig unterschiedliche neuronale Aktivität zwischen Tiefschlaf und Traumschlaf macht es wahrscheinlich, dass die beiden gegensätzlichen

Schlafformen auch unterschiedliche Funktionen haben, und unterschiedlich auf die Kognition wirken. Tatsächlich legen die neuesten Ergebnisse der Schlafforschung nahe, dass in den langsamen Wellen des Tiefschlafs das Gelernte gefestigt wird, im flinken Feuern des Traumschlafs dagegen die neuronalen Verbindungen wieder heruntergedreht und überflüssige Inhalte vergessen werden, um Platz für Neues zu schaffen. Hie Festigung, da Entrümpelung: Wobei entsteht Einsicht? Nun, auch hier bestätigen sich die Anekdoten: Es ist der REM-Schlaf, in dem Einsicht entsteht. Eine andere Arbeitsgruppe konfrontierte ihre Probanden einige Jahre später mit dem *remote association task*, also – Sie erinnern sich – mit der Aufgabe, zu drei vorgegebenen Wörtern ein viertes zu finden, das zu allen dreien passt.[16] Das geschah am Morgen. Nach dem Mittagessen hielten einige Studienteilnehmer ein Nickerchen, und am Nachmittag wurden sie wieder getestet. Vor dem Mittagsschlaf aber löste eine Versuchsgruppe noch eine andere sprachliche Aufgabe, deren Ergebnisse dieselben waren wie in den *remote association*-Aufgaben (natürlich ohne dass ihnen das verraten worden wäre). Die Lösungen waren ihnen so also ins Gedächtnis gepflanzt (man sagt: „geprimed") worden; sie mussten nur noch die Verbindung herstellen. Und das geschah auch, wenn sie während ihres Nickerchens träumten. Wer wach blieb oder nur orthodox schlief, wurde beim zweiten Test nicht besser; aber auch Traumschläfer, die nicht die Aufgabe zum Priming durchgeführt hatten, hatten mitnichten mehr Aha-Effekte. Nur wenn beides zusammenkam, die Lösung also schon im frischen Gedächtnis schlummerte und nur geweckt werden musste, dann verbesserten sich die Studienteilnehmer am Nachmittag.

So scheinen also Tagträumen und Nachtträumen tatsächlich verwandt zu sein. Beide fördern die Kreativität. Aber auch aus denselben Quellen?

Das DMN fokussiert die Aufmerksamkeit nach innen, während sein wichtigster Gegenspieler, das frontoparietale Aufmerksamkeitsnetzwerk, sie nach außen richtet, auf die Welt. Es entspricht daher den Erwartungen, dass im Schlaf, wenn wir den Kontakt zur äußeren Welt verlieren, das DMN relativ aktiv bleibt. Ob das für den Tiefschlaf oder für den Traumschlaf oder für beide gilt, darüber widersprechen sich die Berichte bislang.[17] Das könnte daran liegen, dass das DMN zum einen mittlerweile in zwei oder drei Netzwerke aufgetrennt wird und dass zum anderen nicht immer alle Bestandteile eines Netzwerks gemeinsam aktiv sind. Und drittens kommt das oben erörterte Problem hinzu, mit welcher Bedingung man die Gehirnaktivität im Traumschlaf vergleicht. Alle Studien haben bislang wache Ruhe als Vergleich genutzt – also just die Bedingung, bei der das DMN aktiv wird. Dass der seitliche Scheitellappen im Traumschlaf nicht gesteigert aktiv ist, bedeutet also mitnichten, dass das DMN im Traumschlaf schweigt – im Gegenteil.

Eine Kernregion des DMN immerhin wird auch im Traumschlaf tätig: das mittlere Stirnhirn. Es gilt sogar als Teil eines „Traum an"-Netzwerks. In dem Zusammenhang ist es interessant, dass das mittlere Stirnhirn und der seitliche Schläfenlappen im Traumschlaf bei denjenigen Menschen besonders aktiv sind, die sich nach dem Aufwachen gut an ihre Träume erinnern können.[18] Und je besser sich Leute an ihre Träume erinnern können, desto größere Offenheit für Neues zeigen sie auch im Fünf-Faktoren-Modell der Persönlichkeit.[19] Wenn also auch die Details noch nicht klar sind, kann man davon ausgehen, dass alle drei Prozesse – Träumen, DMN-Aktivierung und Kreativität – miteinander zusammenhängen.[20]

No poetry among water drinkers?

Will man die Vernunft in Morpheus' Arme betten, so muss der restliche Mensch nicht auch zwingend schlafen. Den unmittelbaren Kontakt zum wilden Wabern der Inspiration, die geistige und seelische Hingabe an die romantisch-dunkle Schattenwelt der Ahnungen, den mystischen Zugriff auf das Verborgene haben die Menschen seit jeher im Rausch gesucht, als Rausch gesehen. Der Schaffensrausch ist kein nüchterner Zustand; er ist der Verliebtheit und dem Opiumrausch verwandt.

Schon Horaz dekretierte daher in seinen Briefen nach Kratinos: „Nulla placere diu nec vivere carmina possunt quæ scribuntur aquæ potoribus" (Kein Gedicht von Wassertrinkern kann lange gefallen oder lebendig bleiben.). Dies ist einer jener Fälle, in denen die kollektive Erinnerung ein kantiges Schlagwort griffiger geschliffen hat: Der Psychiater Ben Sessa macht daraus „There is no poetry among water drinkers" und schreibt es fälschlich Ovid zu.

Der Wein der Poesie. Seit Horaz ist der Alkohol in Liedern von jedem beliebigen künstlerischen Rang besungen worden: von der Champagnerarie über The Beautiful Souths „Liar's Bar" und Ivan Rebroffs „Schenk mir einen Wodka ein" bis hinab zu „Was wollen wir trinken sieben Tage lang?" und hundert anderen Saufliedern. Und nicht allein der Alkohol: Auch dem Kokain (Eric Clapton), dem Heroin (Velvet Underground), dem LSD („Lucy in the Sky with Diamonds", Beatles) und Marihuana (Bob Marley) ist gehuldigt worden.

Shakespeare rauchte Haschisch und Kokain, de Quincey schrieb die „Bekenntnisse eines Opiumessers", Huxley über seine Erfahrungen mit LSD. Im Internet können Sie die rund 30 Selbstportraits des Künstlers Bryan L. Saunders betrachten, die er unter dem Einfluss jeweils einer anderen Droge gemalt hat.[21] Anscheinend teilen viele Künstler die Ansicht von Horaz. Tatsächlich gibt es zwar eine große Mehrheit von Künstlern, die es bei einem mäßigen Konsum von Tabak oder Alkohol belassen haben, aber als ausgesprochener Abstinenzler ist, soweit ich weiß, kein Künstler von Rang je hervorgetreten.

Nun gibt es offensichtlich zwei Möglichkeiten, um die Verbindung von Drogen und Kreativität zu erklären. Die meisten Menschen fliegen auf die erste: Machen Drogen womöglich kreativ?

Drei Klassen von Drogen verheißen am ehesten, den Zugang zu den schöpferischen Quellen zu öffnen: Alkohol, Psychedelika wie LSD, und Kokain. THC in seinen verschiedenen Darreichungsformen wird zwar mit kreativen Subkulturen assoziiert, steigert aber nach wissenschaftlichen Studien nicht die Kreativität,[22] sondern hemmt sie in hohen Dosen sogar.[23] Und Opium? Neben de Quincey konsumierten auch Größen wie Berlioz, Poe, Coleridge und Cocteau diese Droge, aber es scheint – möglicherweise aus ethischen Erwägungen – keine wissenschaftliche Untersuchung dazu zu geben, ob sie die Kreativität befeuert. Wahrscheinlich nicht. Denn die Opiatwirkung auf das Belohnungssystem ist so stark, dass der Konsument keine andere Befriedigung mehr sucht: nicht durch Essen, nicht durch Nähe und wohl auch nicht durch schöpferisches Gestalten.

Alkohol ist nicht nur unter der Gesamtbevölkerung, sondern auch unter Künstlern die wohl am häufigsten genossene Droge. Insbesondere sind es mal wieder die Schriftsteller,

die sich gerne mal ein Gläschen genehmigen. Goethes Wein-
konsum ist legendär, Schiller hielt sich eher an Champagner,
Samuel Coleridge (schon wieder), Jean Paul, Dylan Thomas,
Jack London, Charles Bukowski, Ernest Hemingway, Joseph
Roth und andere waren Trinker. „Man sollte immer betrunken sein", dichtete Baudelaire. Auch in anderen Kulturen
schätzten Dichter den Wein: Der wunderbare chinesische
Poet Li Tai Po gründete in Jugendjahren einen Dichterclub
mit dem bezeichnenden Namen „Die acht Poeten der Zech-
gelage" und ertrank der Legende nach, als er betrunken aus
einem Boot heraus den Mond erhaschen wollte, dessen Spie-
gelbild er im Wasser sah. Sogar im islamischen Persien besan-
gen Hafis in seinen Ghaselen und Omar Khayyam in seinen
Rubaiyat den Weingenuss.[24] Doch auch Musiker wie Modest
Mussorgsky und Amy Winehouse und Maler wie Vincent
van Gogh waren schwere Alkoholiker.

Hat es ihnen was gebracht, künstlerisch? Zumindest ist es
möglich, dass der Weingeist sie inspiriert hat. Alkohol verringert nämlich die Kapazität unseres Arbeitsgedächtnisses,
also die Fähigkeit, eine Anzahl von Inhalten für kurze Zeit
bewusst verfügbar zu halten – wie z. B. eine Telefonnum-
mer. Das Arbeitsgedächtnis ist – was Sie nicht überraschen
wird – eine Funktion des seitlichen Stirnhirns. Unter Alko-
holeinfluss verliert es diese Fähigkeit, vermutlich aufgrund
geringerer Aufmerksamkeitskontrolle. Einfach gesagt: Ange-
schickert können Sie sich schlechter auf eine Aufgabe konzentrieren, darum können Sie die Gedächtnisinhalte auch
schlechter ordnen und verfügbar halten.

Im Gegenzug ist aber eine breitgestreute Aufmerksamkeit, wie wir schon am zweiten Tag gesehen haben, eine
große Hilfe bei der kreativen Ideenfindung. Und tatsächlich:

In einem Vergleich zwischen zwanzig Studenten, die nüchtern bleiben mussten, und zwanzig, die sich mit Wodka-Cranberry-Cocktail (1: 3, mit Smirnoff-Wodka, präzisiert die Studie) auf 0,7 Promille anduseln durften, lösten die beschwipsten Probanden mehr Einsichtsprobleme aus der *remote association task*, sie lösten sie schneller, und sie spürten dabei auch häufiger den Aha-Effekt.[25]

Indem er den großen Neinsager Stirnhirn schwächt, macht Alkohol also in Maßen kreativ. Schon viel früher hat der große Psychologe William James das formuliert: „Sobriety diminishes, discriminates, and says no; drunkenness expands, unites and says yes. It is in fact the great exciter of the Yes function in man." (Nüchternheit engt ein, benachteiligt und sagt nein; Trunkenheit erweitert, vereint und sagt ja. Eigentlich ist sie die große Anregerin der Ja-Funktion im Menschen.)

Allerdings gilt natürlich auch: alles in Maßen („Nie mehr als zwei Flaschen am Abend!", soll Cocteau gesagt haben). Eine einschlägige Veröffentlichung von zwei Psychiatern, von denen einer ausgerechnet Beveridge (beverage = Getränk) mit Nachnamen heißt,[26] liefert einen Überblick über die verschiedenen Gründe, warum Künstler trinken, weist aber auch darauf hin, dass ein Alkoholkranker schwerlich arbeitsfähig ist. Und dass die meisten Künstler darum selbst feststellten, dass Alkohol ihre Schaffenskraft mehr hemmt als fördert, und darauf achteten, dass sie bei der Arbeit nüchtern blieben.[27]

Das Gegenteil könnte bei Kokain der Fall sein – der Droge, die wie keine andere mit der Kreativwirtschaft in Verbindung gebracht wird. Dass sich Werbefuzzis ständig eine Linie ziehen, ist als Klischee ja geradezu Allgemeinwissen. Dass die Wirklichkeit mit dem Klischee vermutlich wenige Berührungspunkte hat, versteht sich. Und wissenschaftliche

Studien zur Wirkung von Kokain auf Kreativität scheint es nicht zu geben. Wenn, dann hilft es – wie andere Psychostimulanzien verschiedener pharmakologischer Klassen – bei der Ausarbeitung und Bewertung kreativer Ideen. Denn Kokain hemmt die Wiederaufnahme von Dopamin in die Präsynapsen, aus denen es ausgeschüttet wurde. Diese Wiederaufnahme ist ein wichtiger Mechanismus, um die Wirkung eines Transmitters zu beenden. Indem Kokain sie für Dopamin blockiert, wirkt dieses also länger und stärker. Im Nucleus accumbens hat das zur Folge, dass sich der Nutzer in seinem Verhalten verstärkt und belohnt fühlt: Das lässt ihn die Droge wieder nehmen. Im Stirnhirn dagegen wirkt die höhere Dopaminausschüttung fokussierend. Manche – nicht alle – Kokainnutzer beschreiben, dass sie im High konzentrierter an ihren Ideen arbeiten können. Sie bekommen aber die Ideen in diesem Zustand nicht; tatsächlich liest man auch von Psychostimulanzien als „Kreativitätskillern". Sicherer (und billiger) erscheint es sowieso, in der Ausarbeitungsphase auf milde Psychostimulanzien wie Koffein zu setzen. Es ist bezeichnend, dass die einzige wissenschaftliche Veröffentlichung, die „Kreativität" in einen Zusammenhang mit Kokain bringt, einen einfallsreichen Selbstmord beschreibt, den jemand unter Einfluss von Kokain mittels einer Autoantenne verübt hat.[28]

Und schließlich: LSD. „Creativity incarnate" (fleischgewordene Kreativität), wie es ein Internetnutzer genannt hat. Pharmakologisch ist es – ebenso wie Psilocybin, Mescalin, Ayahuasca und andere Psychedelika, die ganz ähnlich wirken – ein Agonist am Serotonin-Rezeptor vom Typ 2A. Das heißt, es regt diesen besonderen Rezeptortyp so an, wie der Neuromodulator Serotonin es tun würde. In den letzten Jahren erst haben Neurowissenschaftler angefangen, sich dafür zu interessieren, was auf einem psychedelischen Trip im Gehirn passiert. Sie haben festgestellt, dass sich die unterschiedlichen Aspekte des psychedelischen Erlebnisses auch auf getrennte Gehirnaktivierungen zurückführen lassen[29]: Die Intensität der visuellen Halluzinationen korreliert mit der Anregung der Sehrinde. Die eher mystischen Erfahrungen dagegen – Auflösung des Ich, Bedeutungsveränderungen – ließen sich damit in Verbindung bringen, dass Rindenfelder im Umfeld des Hippocampus weniger miteinander kommunizierten. Insgesamt lässt – von der Sehrinde abgesehen – die Tätigkeit des Gehirns während eines Trips eher nach, auch unter Psilocybin[30]. Robin Carhart-Harris und David Nutt vom Imperial College in London, die in den letzten Jahren diese und viele weitere Studien zu Halluzinogenen durchgeführt haben, fassen ihre Befunde darin zusammen, dass Psychedelika einen „entropischen Zustand" des Gehirns hervorrufen. Sie meinen damit einen Verlust der etablierten Ordnung, wodurch sich Netzwerke (wie das Default Mode Netzwerk) ebenso wie die Grenzen zwischen diesen Netzwerken auflösen.

Die Folge sind synästhetische Wahrnehmungen, Bedeutungsverschiebungen, farbige, überraschende Halluzinationen, das Gefühl tiefer Einsichten – tatsächlich scheint LSD die Erfahrungen zu liefern, aus denen die Ideen werden. Studien und Berichte aus den 50er- und 60er-Jahren, als Psychedelika noch nicht dämonisiert waren, unterstützen diese Wahrnehmung: So führten Louis Berlin und Oscar Janinger zwei getrennte Studien durch, in denen sie erfolgreichen Künstlern LSD verabreichten, ehe sie ein Bild malten. Unabhängige Gutachter beurteilten in beiden Untersuchungen die

Bilder unter LSD-Einfluss als zwar technisch beeinträchtigt, aber ideenreicher und künstlerisch wertvoller als die Bilder, die vor dem Trip gemalt worden waren.[31] Auch wissenschaftliche und technische Ideen werden LSD zugeschrieben: Francis Crick will die Doppelhelix dank einer kleinen Dosis LSD verstanden haben, und Kary Mullis behauptet, die Idee zu ihrer Vervielfältigung per Polymerase-Kettenreaktion (für die es ebenfalls einen Nobelpreis gab) auf einem Trip gefunden zu haben. Auch Steve Jobs führte einige seiner Ideen auf seine LSD-Nutzung zurück.

Dem wuchernden Dschungel von beeindruckenden Anekdoten und begeisterten Berichten Dutzender psychedelischer Künstler steht leider eine Wüste an quantitativen Fakten gegenüber. Seitdem LSD vor einem halben Jahrhundert in Nordamerika und Europa in Acht und Bann getan wurde, hat es so gut wie keine wissenschaftlichen Studien mehr damit gegeben. Nahezu alles, was wir darüber wissen, wie LSD die Kreativität beeinflusst, verdanken wir einigen wenigen Untersuchungen, die vorher gemacht wurden und viele Fragen offen lassen. Stets schwärmten die Probanden von ihrer erweiterten Wahrnehmung, ihren neuen Perspektiven und großartigen Ideen. Doch in messbaren Leistungen schlug sich das nur gelegentlich nieder. Den Tests, in denen die Konsumenten von LSD oder anderen Psychedelika besser abschnitten als Kontrollgruppen, standen immer andere gegenüber, in denen sich nichts tat.[32]

Der unklaren Wirkung, welche Drogen auf die Kreativität ausüben, entspricht eine uneinheitliche Beziehung zum *Default-Mode*-Netzwerk. Bei langfristigem Ge- und Missbrauch stärken Alkohol und Kokain anscheinend die Verbindungen innerhalb dieses Netzwerks; eine Langzeitstudie hat das gerade auch an jungen Komasäufern gezeigt.[33] Psychedelika und Cannabis dagegen scheinen die funktionalen Verbindungen zu schwächen. Die sparsamste Erklärung für diese Diskrepanz ist, dass Alkohol und Kokain süchtig machen, will sagen, zu Entzugserscheinungen führen, LSD und Cannabis hingegen nicht. Wenn man die Aktivität des *Default-Mode*-Netzwerkes schwächt, wie das durch manche Meditationstechniken gelingen kann, dann reduziert man dadurch zugleich das Verlangen nach einer Suchtdroge.[34] Kurz: Die womöglich einzige Verbindung zwischen Drogen und demjenigen Netzwerk unseres Gehirns, das die Ideen produziert, besteht in der Sucht.

Es drängt sich das im Wortsinne ernüchternde Fazit auf, dass es mit den Drogen so geht wie mit der Manie: Wer im Rausch ist, glaubt zwar, superkreativ zu sein, blickt dann aber oft sehr bedröppelt auf peinliche Erzeugnisse, wenn er wieder runter ist. Sowieso gilt, was Michael Ende auf die Unterstellung erwiderte, er habe „Die unendliche Geschichte" unter Drogeneinfluss geschrieben: „Wie armselig müssen Leute dran sein, die sich schöpferische Phantasie nicht anders erklären können." Der einzige Beitrag, den Drogen zum Leben vieler großer Künstler geleistet haben, war, es zu beenden.

Aber warum? Wenn Drogen ihnen nicht halfen, ihre Werke zu schaffen – warum haben so viele Künstler dann Drogen genommen? Wir sprachen oben von zwei Möglichkeiten, diese Korrelation zu erklären. Die zweite ist bislang offen geblieben: dass nicht Drogen kreativ machen, sondern Kreativität anfällig macht für Drogen.

Wir erinnern uns: Ein gemeinsames Merkmal kreativer Menschen ist die Offenheit für Erfahrungen. Und neue Erfahrungen versprechen Drogen sicherlich, auch neue

Selbsterkenntnis, neue Sichtweisen der Welt. In einer klassischen Studie, in der nach Langzeitwirkungen von LSD auf die Persönlichkeit gesucht wurde,[35] wurden die Teilnehmer eingangs nach ihrer Haltung zu LSD befragt. Es überrascht nicht, dass sie umso intuitiver, schizotypischer und hypomanischer waren, je mehr sie dem Halluzinogen positiv gegenüberstanden, und umso gewissenhafter, verheirateter und kirchgehender, je stärker sie dagegen eingestellt waren. Die LSD-Freunde verfügten also über die Persönlichkeitsmerkmale kreativer Menschen. Wenn also Psychonauten (also Menschen, die mithilfe bewusstseinserweiternder Techniken ihr Unbewusstes erforschen) besonders kreativ sind, muss das nicht an den psychedelischen Drogen liegen – sondern wahrscheinlicher an ihrer Persönlichkeit.

Wenn man durch die psychologische Ebene hindurch bohrt zur neurobiologischen, dann stößt man wieder einmal auf den Transmitter Dopamin. Etliche Studien der letzten Jahre bringen genetische Unterschiede im Dopaminsystem in Zusammenhang mit Persönlichkeitsmerkmalen, die mit Kreativität zu tun haben. Unterschiedliche Formen eines bestimmten Rezeptors, nämlich des Dopamin-Rezeptors Nummer 2 (also kurz D2-Rezeptor), beeinflussen sowohl, wie stark das seitliche Stirnhirn durch Belohnungen aktiviert wird, als auch die Persönlichkeitsdimension „Offenheit für Erfahrungen".[36] Zugleich ist Dopamin als Botenstoff des Verstärkungssystems der Hebel, der Drogengenuss oder die Suche nach neuen Erlebnissen umsetzt. Zwar gibt es noch keine abschließende Einigkeit darüber, ob man suchtanfällig wird durch ein besonders aktives Dopaminsystem (weil dann Drogen besonders stark wirken), oder durch ein besonders schwerfälliges (weil Drogen den Mangel kompensieren).

Vielleicht ist ja auch beides der Fall. Aber die Vermutung liegt nahe, dass diejenigen Eigenschaften des Dopaminsystems, die einen Menschen neugierig, offen und kreativ machen, ihn auch gerne zu Rauschmitteln greifen lassen.

****

Prefrontale erscheint erst am frühen Nachmittag im Präsidium. Sie geben einander fast die Klinke in die Hand. Denn nach der durchgemachten Nacht sind Sie todmüde und wollen gerade gehen. Sie rechnen für das Wochenende ohnehin nicht mehr mit neuen Entwicklungen. Doch der Commissario überrascht Sie:

„Schlafen Sie sich gut aus, und dann kommen Sie morgen um eins zur Piazza del Popolo."

„Morgen?", fragen Sie zurück. „Aber es ist Sonntag."

„Ich weiß. Es wird auch nicht lange dauern. Aber ich habe einen Durchsuchungsbeschluss."

„Einen Durchsuchungsbeschluss?", echoen Sie schon wieder. „Wofür?"

„Das sehen Sie morgen. Schlafen Sie gut."

Auf dem Weg nach Hause, wo Ihr verlockendes Bett wartet, lassen Sie Revue passieren, was Sie heute gelernt haben:

Es gibt Gebiete der Großhirnrinde, die im Ruhezustand aktiv sind, und sich zurückhalten, wenn äußere, auf Aufgaben gerichtete Aufmerksamkeit gefordert ist. Da diese Gebiete auch untereinander stark verknüpft sind, bezeichnet man sie zusammen als *default mode network* (DMN). Die Hauptknotenpunkte dieses Netzwerkes sind das mittlere Stirnhirn, der hintere zinguläre Cortex und der seitliche Scheitellappen.

Während das DMN mit dem Blick nach außen nichts zu tun hat, vermittelt es umso mehr den Blick nach innen: auf die Verortung, die Konstruktion des Selbst inmitten von Raum, Gesellschaft und Erinnerungen. Es lässt unseren Geist schweifen, lässt uns Tagträumen nachgehen, aber auch grübeln. Als Wärter am Wildgehege des Unbewussten erkennt es Muster und Verknüpfungen: Daher holt es die Einsichten und Ideen. Teile des DMN sind aktiv beim kreativen Tun und sind bei kreativen Menschen stärker ausgeprägt.

Sie springen auch an, wenn das Gehirn im Schlaf Träume produziert – im REM-Schlaf. Träumen ist nicht nur selbst eine ungeheuer schöpferische Tätigkeit unseres Gehirns, es fördert auch die Kreativität im Wachen. Wer träumt, erkennt Muster, und wer grundsätzlich viel träumt (oder sich daran erinnert), der ist offener für neue Erfahrungen und mithin wohl kreativer. Die Psychoanalytiker, die über die Träume an die Inhalte des Unbewussten kommen wollten, lagen wohl zumindest in der Hinsicht nicht falsch.

Falsch liegen hingegen wohl jene, die hoffen, mangelnde Kreativität durch Drogenkonsum ersetzen zu können. Es gibt keine soliden Hinweise darauf, dass Rauschmittel zu Ideen oder Einsichten verhelfen. Sogar für Psychedelika, die zweifellos zu neuartigen Erfahrungen verhelfen, ist die Datenlage dünn – was allerdings auch daran liegen kann, dass diese harmlosen Drogen seit fünfzig Jahren dämonisiert und entsprechend wenig erforscht worden sind. Dass so viele Künstler (vor allem mal wieder Schriftsteller) zu Drogen gegriffen haben, mit teils selbstzerstörerischen Folgen, zeigt nicht, dass die Suchtmittel sie zu Künstlern gemacht haben – sondern das Künstlertum zu Süchtigen.

Genug für heute. Einmal noch schlafen, dann werden sich die Spuren hoffentlich zu einem Gesamtbild zusammenfinden. Träumen Sie wohl!

Anmerkungen

1 Michael   Ende   (1994)   Zettelkasten.   Stuttgart: Weitbrecht. S. 81.

2 Laut dem Musikjournalisten Arthur M. Abell, der diese Äußerungen in seinem Buch „Gespräche mit berühmten Komponisten: Über die Entstehung ihrer unsterblichen Meisterwerke, Inspiration und Genius" veröffentlichte. Es gibt Zweifel daran, ob Brahms (der lange tot war, als das Buch erschien) das tatsächlich so gesagt hat.

3 Raichle, M.E., MacLeod, A.M., Snyder, A.Z., Powers, W.J., Gusnard, D.A. & Shulman, G.L. (2001) PNAS 98: 676–682, Übersicht in: Gusnard, D.A. & Raichle, M.E. (2001) Searching for a baseline: functional imaging and the resting human brain. Nat. Rev. Neurosci. 2: 685–694.

4 Jüngst auch vorgestellt von Steve Ayan, „Flieg, Gedanke, flieg!" in Gehirn & Geist 4/2016, S. 13–17.

5 Cavanna, A.E. & Trimle, M.R. (2006) The precuneus: a review of its functional anatomy and behavioural correlates. Brain 129: 564–583.

6 Übersicht in: Donaldson, P.H., Rinehart, N.J. & Enticott, P.G. (2015) Noninvasive stimulation of the temporoparietal junction: a systematic review. Neurosci. Biobehav. Rev. 55: 547–572.

7 Mason, M.F., Norton, M.I., Van Horn, J.D., Wegner, D.M., Grafton, S.T. & Macrae, C.N. (2008) Wandering

minds: the default network and stimulus-independent thought. Science 315: 393–395.

8   Baird, B., Smallwood, J., Mrazek, M.D., Kam, J.W.Y., Franklin, M.S. & Schooler, J.W. (2012) Inspired by distraction: Mind wandering facilitates creative incubation. Psychol. Sci. 23: 1117–1122.

9   B. van den Heuvel, M.P., Stam, C.J., Kahn, R.S. & Hulshoff-Pol, H.R. (2009) Efficiency of functional brain networks and intellectual performance. J. Neurosci. 29: 7619-7624, Hearne, L.J., Mattingley, J.B. & Cocchi, L. (2016) Functional brain networks related to individual differences in human intelligence at rest. Sci. Rep. 6:32328.

10 Beaty, R.E., Kaufman, S.B., Benedek, M., Jung, R.E., Kenett, Y.N., Jauk, E., Neubauer, A.C. & Silvia, P.J. (2016) Personality and complex brain networks: the role of openness to experience in default network efficiency. Hum. Brain Mapp. 37: 773–779.

11 Beaty, R.E., Benedek, M., Wilkins, R.W., Jauk, E., Fink, A., Silvia, P.J., Hodges, D.A., Koschutnig, K. & Neubauer, A.C. (2014) Creativity and the default network: A functional connectivity analysis of the creative brain at rest. Neuropsychologia 64: 92–98.

12 Chen, Q.L., Xu, T., Yang, W.J., Li, Y.D., Sun, J.Z., Wang, K.C., Beaty, R.E., Zhang, Q.L., Zuo, X.N. & Qiu, J. (2015) Individual differences in verbal creative thinking are reflected in the precuneus. Neuropsychologia 75: 441–449.

13 Bashwiner, D.M., Wertz, C.J., Flores, R.A. & Jung, R.E. (2016) Musical creativity "revealed" in brain structure:

interplay between motor, default mode, and limbic networks. Sci. Rep. 6:20482.

14 Fosse, R., Stickgold, R. & Hobson, J.A. (2001) Brain-mind states: reciprocal variation in thoughts and hallucinations. Psychol. Sci. 12: 30–36.

15 Wagner, U., Gais, S., Haider, H., Verleger, R. & Born, J. (2004) Sleep inspires insight. Nature 427: 352-355.

16 Cai, D.J., Mednick, S.A., Harrison, E.M., Kanady, J.C. & Mednick, S.C. (2009) REM, not incubation, improves creativity by priming associative networks. PNAS 106: 10130–10134.

17 DMN im Tiefschlaf aktiv (und im REM-Schlaf nicht): Dang-Vu, T.T. et al. (2008) Spontaneous neural activity during human slow wave sleep. PNAS 105: 15160–15165; Watanabe, T., Kann, S., Koike, T., Misaki, M., Konishi, S., Miyauchi, S., Miyahsita, Y. & Masuda, N. (2014) Network-dependent modulation of brain activity during sleep. NeuroImage 98: 1–10. DMN im REM-Schlaf aktiv (und im Tiefschlaf weniger): Fox, K.C., Nijeboer, S., Solomonova, E., Domhoff, G.W. & Christoff, K. (2013) Dreaming as mind wandering: evidence from functional neuroimaging and first-person content reports. Front. Hum. Neurosci. 7: 412.

18 Eichenlaub, J.B., Nicolas, A., Daltrozzo, J., Redouté, J., Costes, N. & Ruby, P. (2014) Resting brain activity varies with dream recall frequency between subjects. Neuropsychopharmacology 39: 1594–1602.

19 Watson, D. (2003) To dream, perchance to remember: individual differences in dream recall. Pers. Indiv. Diff. 34: 1271–1286.

20 Christoff, K., Irving, Z.C., Fox, K.C., Spreng, R.N. & Andrews-Hanna, J.R. (2016) Mind-wandering as spontaneous thought: a dynamic framework. Nat. Neurosci. doi: 10.1038/nrn.2016.113.

21 http://bryanlewissaunders.org/drugs/

22 Tinklenberg, J.R., Darley, C.F., Roth, W.T., Pfefferbaum, A. & Kopell, B.S. (1978) Marijuana effects on associations to novel stimuli. J. Nerv. Ment. Dis. 166: 362–364.

23 Kowal, M.A., Hazekamp, A., Colzato, L.S., van Steenbergen, H., van der Wee, N.J., Durieux, J., Manai, M. & Hommel, B. (2015) Cannabis and creativity: highly potent cannabis impairs divergent thinking in regular cannabis users. Psychopharmacology 232: 1123–1134.

24 Heute lautet die offizielle Deutung, damit sei allegorisch die mystische Erfahrung Gottes gemeint gewesen. Das mag bisweilen sein, ändert aber nichts daran, dass die beiden Dichter den Wein gekannt und geschätzt haben müssen. Erstens funktioniert ein Vergleich nur, wenn der Adressat das, womit verglichen wird, kennt. Und zweitens würde kein gläubiger Muslim die heilige Gegenwart Gottes mit etwas gleichsetzen, das er für sündig hält.

25 Jarosz, A.F., Colflesh, G.J. & Wiley, J. (2012) Uncorking the muse: alcohol intoxication facilitates creative problem solving. Conscious. Cogn. 21: 487–493.

26 Beveridge, A. & Yorston, G. (1999) I drink, therefore I am: alcohol and creativity. J. R. Soc. Med. 92: 646–648.

27 So auch A.E. Ludwig (1990) Alcohol input and creative output. Brit. J. Addict. 85: 953–963.

28 Lingamfelter, D.C., Duddlesten, E. & Quinton, R.A. (2009) An unusual suicidal death by automobile antenna: a case report. Diagn. Pathol. 4: 40.

29 Carhart-Harris, R.L. et al. (2016) Neural correlates of the LSD experience revealed by multimodal neuroimaging. PNAS 113: 4853–4858.

30 Carhart-Harris, R.L. et al. (2012) Neural correlates of the psychedelic state as determined by fMRI studies with psilocybin. PNAS 109: 2138–2143.

31 Brown, D.J. (2015) Transcending the medical frontier: exploring the future of psychedelic drug research. In: Hancock, G. (Hrsg.) The divine spark. Psychedelics, consciousness, and the birth of civilization. San Francisco: Disinformation Co.

32 Aktuelle Übersicht in: Baggott, M.J. (2015) Psychedelics and Creativity: a Review of the Quantitative Literature. PeerJ PrePrints, https://dx.doi.org/10.7287/peerj.preprints.1202v1.

33 Correas, A., Cuesta, P., López-Caneda, E., Rodríguez Holguín, S., García-Moreno, L.M., Pineda-Pardo, J.A., Cadaveira, F. &, Maestú, F. (2016) Functional and structural brain connectivity of young binge drinkers: a follow-up study. Sci Rep. 6: 31293.

34 Brewer, J.A., Elwafi, H.M. & Davis, J.H. (2013) Craving to quit: psychological models and neurobiological mechanisms of mindfulness training as treatment for addictions. Psychol. Addict. Behav. 27: 366–379.

35 McGlothlin, W., Cohen, S. & McGlothlin, M.S. (1967) Long lasting effects of LSD on normals. J. Psychedel. Drugs 3: 20–31.

36 Peciña, M. et al. (2013) DRD2 polymorphisms modulate reward and emotion processing, dopamine neurotransmission and openness to experience. Cortex 49: 877–890.

Der siebte Tag:
Synthese

Kreativität, so scheint es, ist nicht monolithisch, sondern ein Gebäude aus raffiniert ineinander verschränkten Steinen. Es ist daher vielleicht ratsam, mit einer Reihe von Unterscheidungen zu beginnen. Verstehen heißt immer auch Unterscheiden. Nur wer Ich-Bewusstsein von subjektivem Erleben trennt, Gefühl von Emotion, Anarchie von Chaos, Kapitalismus von Marktwirtschaft, hat eine Chance, neue Zusammenhänge zu begreifen. Die erste Tat des Menschen, so lehrt die Bibel, war, allen Dingen ihren Namen zu geben. Darum sollten auch wir die Synthese damit beginnen, die Dinge korrekt zu benennen.

Der Definition zufolge sind solche Ideen kreativ, die erstens neu und zweitens angemessen sind. Das ist eine umfassende und einfache Definition, und doch macht es einen Unterschied, ob neue und angemessene Ideen erzeugt werden oder

© Springer-Verlag GmbH Deutschland 2018
K. Lehmann, *Das schöpferische Gehirn*,
https://doi.org/10.1007/978-3-662-54662-8_7

ob sie einem zufallen. Ersteres ist der Fall des divergenten Denkens, den wir am vierten Tag betrachtet haben, Letzteres der des Aha-Effekts, um den es am fünften Tage ging. Beide Denkweisen sind kreativ, beide werden von Kreativitätsforschern untersucht, und doch unterscheiden sich die beiden in mancherlei Hinsicht: Bei divergenten Denkaufgaben gibt es viele richtige Antworten, bei Einsichtsaufgaben nur eine. Unsere Fähigkeit zum Produzieren divergenter Ideen erreicht in der Pubertät ihren Gipfel und sinkt danach ab. Unsere Fähigkeit, Probleme durch Einsicht zu lösen, steigt dagegen mit dem Erwachsenwerden.[1] Bedeutet dies, dass Erwachsene schlecht gelaunt sind? Denn jedenfalls entsteht Einsicht bei schlechter Laune, divergentes Denken hingegen bei guter Stimmung. Letzteres wird sich später als wichtige Spur erweisen.

Bei neurobiologischen Untersuchungen zum divergenten Denken und zum musikalischen Improvisieren wird ziemlich zuverlässig erhöhte Aktivität im linken seitlichen Stirnhirn beobachtet. Das spiegelt die Notwendigkeit zu Auswahl und Bewertung bei dieser Denktätigkeit. Neues steigt auf aus dem brodelnden Topf der Erinnerung und wird entweder weggewedelt oder angenommen. Diese Form der Kreativität beruht also auf einem Wechselspiel von Chaos und Beschränkung, von Angebot und Auswahl.

Der Ort der Einsicht – jedenfalls der sprachlichen Einsicht – scheint hingegen eher der vordere Schläfenlappen zu sein. Aha-Effekte bedürfen keiner Auswahl, weil sie ja eben nicht aus der serienmäßigen Produktion von Möglichkeiten entstehen, sondern im Augenblick ihres unvorhersehbaren Erscheinens als richtig erkannt werden. Aber wie das divergente Denken auch, so formen sich Einsichten aus dem gespeicherten Material der Innenwelt.

Dies ist der dritte, eigenständige Aspekt der Kreativität, den wir kennengelernt haben: Die Tätigkeit des *Default Mode*-Netzwerks (DMN), das die gespeicherten Erinnerungen und Eindrücke sortiert, um darin ein Selbst zu organisieren. Die Ordnung, die es dabei erzeugt (und die, nebenbei bemerkt, nach neuester Forschung vermutlich in räumlichen Vorstellungen organisiert wird[2]), ist aber nicht starr und endgültig wie in einer Asservatenkammer oder dem Magazin eines Museums. Jede neue Erfahrung, jede Stimmungsschwankung bringt das DMN dazu, die Gedächtniskammer wieder neu zu organisieren, die Inhalte neu zu bewerten, Vergessenes in den Vordergrund zu rücken, vormals Wichtiges zu verdrängen. Vermutlich ist es dieses ständige Hin- und Herschieben von inneren Abbildern, bei dem neue Verknüpfungen entstehen.

Aus all dem jedoch wird kein Werk, wenn der Wille fehlt. Antrieb, Schaffenslust, Leidenschaft, inneres Feuer: Das ist nicht dasselbe wie Kreativität, aber es ist der Motor, ohne den sich nichts bewegt. Während seiner wiederkehrenden langen Schaffenskrisen war Goethe sicherlich nicht weniger intelligent und neugierig, hatte seine sprachlichen und zeichnerischen Fähigkeiten nicht verloren und verfügte daher vermutlich weiterhin über zahlreiche Einfälle. Und war doch nicht kreativ. Ohne den inneren Antrieb geht es nicht. Wir haben am dritten Tage erfahren, dass der Neuromodulator Dopamin hierfür die zentrale Rolle spielt. Gesteuert vom unteren Stirnhirn wird er im Nucleus accumbens ausgeschüttet und signalisiert, dass ein Verhalten sich lohnen wird.

Dopamin wird aber auch im Stirnhirn ausgeschüttet. Hier stärkt es die Arbeitsfähigkeit, erhöht die Wachheit und die Konzentration. Dopamin ist so etwas wie der Treibstoff der Kreativität.

Das Yin und Yang und Bingo der Kreativität

Haben wir es demnach nicht mit einer Kreativität zu tun, sondern mit deren vier? Müssen wir uns damit abfinden, dass verschiedene Bereiche des Gehirns dies und das und dann und wann etwas zu unseren schöpferischen Leistungen beitragen, sich daraus aber kein ganzheitliches Geschehen konstruieren lässt?

Im Gegenteil. Die verschiedenen Teile arbeiten miteinander, und nur aus der Zusammenarbeit entsteht Kreativität. Seit langem weisen Philosophen, Psychologen und Kreativitätsforscher immer wieder darauf hin, dass gerade das Wechselspiel von Erzeugung und Auslese der zentrale Prozess der Kreativität ist.[3] Gregory Bateson, einer der kreativsten wissenschaftlichen Köpfe des letzten Jahrhunderts, schrieb einmal vom Wechsel von „unscharfem und scharfem Denken", das für Kreativität nötig sei. Um einen neuen Zusammenhang zu finden, muss man zuerst vage, unsauber und in Analogien denken. Um ihn dann auch stichfest zu beweisen, braucht man die Fähigkeit, zu präzisem, jede Lücke entdeckendem Denken umschalten zu können. Nietzsches Gegensatzpaar vom Apollinischen und Dionysischen leuchtet aus dem Dunkel der Vergangenheit auf. Ebenso der Gegensatz der Hirnhälften, der als frühes Erklärungsmodell der Kreativität herhalten musste: „the vivid imagery of the right hemisphere work is followed by left-brain analysis and evaluation."[4]

Die neuronale Grundlage dieses Widerstreits findet sich eben in der Komplementarität von DMN und dem exekutiven Kontrollnetzwerk, dem das seitliche Stirnhirn vorsteht (Abb. 1). Sie sind einander so komplementär wie Yin und Yang und teilen sich sozusagen die beiden Aspekte, welche die Definition der Kreativität ausmachen: Das DMN liefert das Neue, das Kontrollnetzwerk bewertet, ob es angemessen ist. Es scheint geradezu einen Kippschalter zwischen den beiden Netzwerken zu geben. Wenn man im Magnetresonanztomografen die spontane Aktivität in der Hirnrinde beobachtet, dann schwanken die Aktivitäten in Teilen des DMN zuverlässig und ganz eng im Gleichtakt miteinander, und verändern sich zugleich ebenso zuverlässig gegensinnig zur Aktivität in Teilen des exekutiven Netzwerks[5].

Das exekutive Kontrollnetzwerk umfasst neben dem seitlichen Stirnhirn vor allem Bereiche vorne und oben im

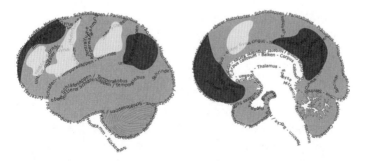

Abb. 1 Schwarz-Weiß-Malerei zwischen DMN und exekutivem Kontrollnetzwerk. Doch jede gute Geschichte hat Grautöne

Scheitellappen sowie in der Nähe der Sehrinde, also Rindenfelder, die mit der Wahrnehmung der Umwelt zu tun haben. Mehrere dieser Gebiete, insbesondere das seitliche Stirnhirn – und zwar genauer der inferiore frontale Gyrus, also gerade das Gebiet, das bei divergenten Denkaufgaben so eifrig am Auswählen ist – und der vordere, obere Scheitellappen, findet man auch in starker Erregung, wenn die Probanden im Flow sind; das mittlere Stirnhirn als zentraler Knoten des DMN ist dagegen im Flow deaktiviert.[6] Flow ist also ein Zustand, der dem Tagträumen genau entgegengesetzt ist. Flow ist absolute Aufmerksamkeit nach außen, Tagträumen maximales Versenken nach innen. So erklärt sich auch die völlige Selbstvergessenheit im Flow.

Es lässt sich also ein vortrefflicher Gegensatz zwischen den beiden Netzwerken aufbauen. Tatsächlich können Menschen wie zum Beispiel der Wissenschaftsautor Michael Taft,[7] für die Flow das höchste der Gefühle ist, mit dem DMN nichts anfangen. Im DMN kann Tagträumerei leicht in depressives Grübeln ausarten; es steht für Selbstbezogenheit, dumpfes Brüten und auch Drogensucht: Meditationstechniken, die zu erhöhter Achtsamkeit führen – wie das im Zen-Buddhismus angestrebt ist, der Flow-Philosophie schlechthin –, sind imstande, Drogenabhängigkeit zu verringern, und senken zugleich die Aktivität im DMN.[8]

Natürlich ist es Unfug, auf diese Weise Teile des Gehirns gegeneinander auszuspielen. Nur in der Integration aller Gegensätze entsteht eine ganze, reife Persönlichkeit, nur so entsteht Kreativität. Auch Csíkszentmihályi stellte in seinem Buch über Flow und Kreativität[9] unter der Überschrift „Die zehn Dimensionen der Komplexität" eine Liste der widersprüchlichen Eigenschaften auf, die er in kreativen

Persönlichkeiten versöhnt fand: Sie verbinden enorme Energie mit Phasen tiefer Entspannung, Weltklugheit mit Naivität, Disziplin mit spielerischer Leichtigkeit, Phantasie mit Realitätssinn, Einsamkeit mit Extraversion, Demut mit Stolz, Femininität mit Maskulinität, Traditionsbewusstsein mit Rebellion, Leidenschaft mit Objektivität und tiefes Leid mit großer Freude. Denn das wichtigste Kennzeichen kreativer Persönlichkeiten, so Csíkszentmihályi, sei ihre Komplexität.

Und diese Komplexität spiegelt sich anscheinend in der neuronalen Aktivität. Beim Kreativsein ist das Gehirn nicht entweder im Flow oder in Muße, sondern beides zugleich. Tatsächlich haben spätere Studien gezeigt, dass der Antagonismus von DMN und Kontrollnetzwerk kein Dauerzustand ist, sondern in ganzer Schärfe nur dann hervortritt, wenn man für die Berechnung die globale Aktivität des Gehirns herausrechnet. Das ist mathematisch sinnvoll, aber in dieser umfassenden und gleichmäßigen Tätigkeit versteckt sich natürlich auch die Aktivierung, die DMN und Kontrollnetzwerk *gemeinsam* ist. Und das ist nicht wenig, im Gegenteil: 80 % der Zeit sind die beiden Netzwerke demnach zugleich aktiv.

Bildgebende Kreativitätsstudien haben das bestätigt. Während der Aufgabe, im Magnetresonanztomografen ein Buchcover zu entwerfen, waren bei den Probanden Teile des DMN und des Kontrollnetzwerks zugleich aktiviert, und sie kommunizierten auch messbar miteinander.[10] Während sie den *Alternative Uses*-Test durchführten, hatten die Probanden einer anderen Studie eine starke funktionelle Kopplung von Teilen des DMN (Präcuneus und hinterer zingulärer Cortex) zum seitlichen Stirnhirn.[11] Ähnliches wurde zuvor schon für das Tagträumen gezeigt.[12] Und die Autoren hatten daraus geschlossen, dass dieses *mindwandering* ein besonderer Geisteszustand sein müsse – eben einer, in dem konkurrierende Netzwerke zusammenarbeiten. Tagträumen wäre demnach auch nicht mit DMN-Aktivierung identisch, sondern nur eine ganz spezielle Erscheinungsform davon; es wäre zugleich aber nahezu deckungsgleich mit dem kreativen Denken.

Wenn wir uns erinnern, dass das exekutive Kontrollnetzwerk auf die Außenwelt gerichtet ist, das DMN hingegen auf die Innenwelt, dann ergibt die kreative Zusammenarbeit der beiden Sinn. Das Besondere am kreativen Denken ist gerade, dass es Außenwelt und Innenwelt verknüpft. Um ein Problem kreativ zu lösen, genügt es nicht, sich auf die äußere Sinneswelt zu konzentrieren, denn dort liegt die Lösung gerade *nicht*. Es genügt aber ebenso wenig, sich völlig in seine Innenwelt zu versenken. Denn die Lösung soll sich ja auf die Außenwelt beziehen. Das Gehirn muss also ständig hin- und her schalten zwischen der Repräsentation der gegebenen Situation (womit kann ich arbeiten?) und dem gespeicherten Wissen über den Umgang damit. Daher entsteht Kreativität aus der Zusammenarbeit der Netze.

Wie kann man die beiden ungleichen Partner dazu bringen zusammenzuarbeiten? Warum tun sie das nicht immer? Die Antwort auf die zweite Frage ist einfach: Weil es bisweilen wichtiger ist, konzentriert bei der Sache zu sein, und bei anderen Gelegenheiten günstiger, mal abzuschalten. So formuliert, drängt sich die Frage auf: Wer schaltet?

Und hier kommt der dritte Baustein dazu: Dopamin. Sie erinnern sich, dass dieser wichtige Neuromodulator nicht nur im Nucleus accumbens und anderen Teilen der Basalganglien ausgeschüttet wird, sondern auch in der Hirnrinde.

Er trifft dort auf verschiedene Rezeptoren, und einer davon (der D1-Rezeptor) ist mit besonders hoher Dichte im DMN vertreten,[13] Und hemmt dort die Nervenzellen. Wenn die Dopaminausschüttung steigt, wie dies bei Erregung oder Stress geschieht, dann wird das exekutive Kontrollnetzwerk gestärkt, das DMN hingegen geschwächt. Bei der Fokussierung auf äußere Aufgaben werden die beiden voneinander entkoppelt; das Gehirn steckt seine Energie vorwiegend in das Kontrollnetzwerk. Mit zunehmender Entspannung dagegen sinkt die Dopaminausschüttung; mehr und mehr übernimmt das DMN. In einem mittleren Zustand dagegen halten sich die beiden die Waage.

Nun wird verständlich, warum kreative Leistungsfähigkeit von der Laune abhängt (Abb. 2). Bei sehr hoher

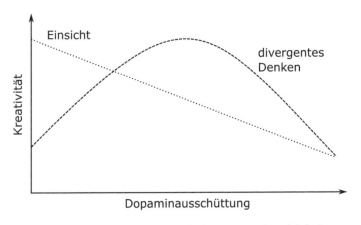

Abb. 2 Schlechte Laune hat auch ihr Gutes. Die Fähigkeit, neue Einsichten zu finden, lässt mit steigender Laune nach. Die divergenten Ideen fließen am leichtesten, wenn Sie ausgeglichen sind

Dopaminaktivität sind Sie aufgekratzt. Nicht unbedingt fröhlich, aber voller Tatendrang, unter Strom. Und: kein Stück kreativ. Wir haben das im letzten Kapitel gesehen, als es um Kokain ging. Kokain erhöht die Dopaminwirkung. Und eine hohe Dopaminaktivität engt die Gedanken und Handlungen ein, bis zum extremen Fall von völlig stereotypem Verhalten. Kreativität ist ja immer auch eine Antwort auf eine Situation – nämlich eine, die verbessert werden muss. Wer total gut drauf ist, benötigt keine Kreativität, denn er hat keine Probleme.

Bei sehr niedriger Dopaminaktivität sind Sie müde, energielos und trübsinnig. Vielleicht haben Sie Ideen, aber Sie können sich nicht aufraffen, sie umzusetzen. Andererseits: Wenn Sie sich mit Stimulanzien aus dem Stimmungstief helfen, dann können Sie zwar besser Ihre Steuererklärung ausfüllen, werden aber wahrscheinlich keine Lieder dichten.[14]

Im Mittelfeld dagegen sind Sie ausgeglichen. Das DMN kann Ideen liefern, und das Kontrollnetzwerk kann sie verarbeiten. Ihre Kreativität ist auf dem Höhepunkt.

Jedenfalls Ihr divergentes Denken. Denn für Einsichtslösungen ist der Zusammenhang ein anderer: Je schlechter die Laune, desto Bingo. Wobei „schlechte Laune" hier nicht meint, dass Sie Ihre Kinder prügeln, sondern im Gegenteil eine gedämpfte, in sich gekehrte Stimmung. Sie ist, wie gerade gesagt, einer kreativen Produktion abträglich, weil sie keine Energie liefert. Aber für Einsichtslösungen müssen Sie nicht viele Ideen hervorbringen, sondern nur eine: die richtige. Und die bedarf manchmal sehr weitläufiger und völlig neuer Assoziationen. Anscheinend funktioniert das am besten, wenn man das DMN ganz sich selbst überlässt.

Für den Zusammenhang zwischen geringer Dopaminausschüttung und Einsicht gibt es übrigens eine neckische

Illustration: Forscher haben gezeigt, dass das Lösen von Anagrammen sogleich einfacher wird, wenn sich die untersuchten Personen aus dem Sitzen hinlegen. Denn das senkt die Ausschüttung der anregenden Katecholamine Dopamin und Noradrenalin.

Ist die sprichwörtlich zündende Idee dann gefunden, dann feuert die Entdeckerfreude sofort die Dopaminausschüttung auf volle Touren. Dopamin wird bekanntlich ausgeschüttet, wenn ein Reiz besser ist als erwartet. Und was könnte besser und unerwarteter sein als ein Aha-Erlebnis? So erklärt sich vermutlich der abrupte Übergang zu konzentrierter Tätigkeit, der in etlichen Anekdoten zu beobachten war: Loewi, der die Lösung für den Nachweis chemischer Reizübertragung träumt, und mitten in der Nacht sogleich ins Labor ging, um das Experiment zu machen. Howe, der die Lösung für das Nähmaschinenproblem träumte und ebenfalls den Rest der Nacht in der Werkstatt verbrachte. Rowling, die Harry Potter vor sich sah und sofort den kompletten Romanzyklus entwarf. Ideen brauchen nicht nur Dopaminausschüttung: Sie bewirken sie auch.

Netze, um Ideen zu fischen

Wenn von „Netzen" die Rede war, dann waren zuletzt immer ganze Gehirnregionen gemeint, die miteinander verknüpft waren. Von „Netzen" spricht aber auch die Kognitionspsychologie, wenn sie beschreibt, wie begriffliche Assoziationen organisiert sind. Und noch eine Betrachtungsebene tiefer bilden selbstverständlich die Nervenzellen ein ungeheuer komplexes Maschenwerk, dessen Aktivitätsmuster und -rhythmen diese Assoziationen verkörpern.

Irgendwo zwischen den letzten beiden Betrachtungsebenen siedelt ein Vorschlag, den der ideenreiche Kreativitätsforscher Colin Martindale gemacht hat.[15] Er betrachtete die Bedingungen, unter denen ein Netzwerk neue Lösungen hervorbringt. Dabei stellte er fest, dass sich Beschreibungen des kreativen Denkens in ganz verschiedenen Begriffssystemen ineinander übersetzen lassen. Sie meinen stets dieselben Prozesse. Prozesse, die in Netzwerken jeglicher Art ablaufen.

Gemeinsames Kennzeichen aller Netze ist – trivialerweise –, dass ihre Elemente untereinander verknüpft sein können. Interessant und leistungsfähig werden die Netze dadurch, dass nicht alle Verknüpfungen gleichwertig sind. Manche sind naheliegend und ergeben vorhersagbare, langweilige Ergebnisse. Andere sind wirr und unsinnig. Und einige wenige sind neuartig, aber zutreffend. In Bezug auf ein gegebenes Problem stellen sie das Optimum dar. Wie findet man es?

Wenn man ein Netzwerk auf der Suche nach dem Optimum immer nur winzige Schritte machen lässt, dann ist die Gefahr sehr groß, dass man das globale Optimum verpasst und stattdessen auf einem Neben-Optimum hängen bleibt. Sie können sich die Menge von Verknüpfungszuständen eines Netzes wie eine Berglandschaft vorstellen, auf der Sie den höchsten Gipfel erreichen wollen (Abb. 3). Mit

Abb. 3 Kleine Schritte immer aufwärts führen Sie hier nicht zum Hauptgipfel

der vorsichtigen, kleinschrittigen Methode würden Sie stets nur einen Schritt gehen, prüfen, ob Sie nun höher stehen als vorher, und, wenn ja, den Vorgang wiederholen. So erreichen Sie mit Sicherheit einen Gipfel. Auch wenn es nur der Höhepunkt eines Misthaufens ist.

Wenn Sie von dem Misthaufen wieder runterwollen, müssen Sie sich also größere Schritte trauen. Dann brauchen Sie Siebenmeilenstiefel, um überhaupt erst einmal ein Gebirge zu finden. Das Problem ist nur: Mit solch riesigen Sprüngen kann es passieren, dass Sie in einem Augenblick schon an der neuen Goûter-Hütte am Mont Blanc stehen, fast 4000 m hoch – und im nächsten Schritt am Strand der Côte d'Azur. Und im übernächsten schon wieder auf einem Misthaufen.

Weder lauter vorsichtige Schrittchen – in der Sprache der Gedanken gesprochen: die nächstliegenden Assoziationen – noch ständige ungerichtete Sprünge – chaotische, psychedelische Ideenverknüpfungen – bringen Sie also, für sich genommen, zur besten Lösung. Die erfolgversprechendste Methode besteht offenkundig in Folgendem: Man fängt mit Siebenmeilensprüngen an, bis ein Gebirge gefunden ist. Dann verringert man die Schrittweite langsam, um einen hohen Berg zu finden und dann den Aufstieg zum Hauptgipfel und erst ganz zum Schluss, mit Meterschritten, das Gipfelkreuz.

Nach dieser Methode werden seit langem schon die Verknüpfungen in künstlichen neuronalen Netzen festgelegt und optimiert, die z. B. Gesichter erkennen sollen. Martindale findet dasselbe Prinzip auch in der Kristallisation: Bei hoher Temperatur schmilzt man die reine Substanz; die Moleküle wuseln wild herum und wechselwirken mal hier, mal dort. Indem man die Temperatur senkt, werden die Bindungen langsam starrer, aber so langsam, dass Fehler noch ausgeglichen werden können. Erst ganz abgekühlt leuchtet der perfekte Kristall wie der Diamant einer Idee.

Hat er hingegen einen Fehler, dann muss man die Temperatur wieder erhöhen. Ebenso wie man, auf dem Matterhorn stehend, wieder große Sprünge braucht, um den Mont Blanc zu finden. Es kommt also in einem Netzwerk, das den optimalen Zustand finden soll, auf den Temperaturregler an.

In dem Netzwerk, von dem wir hier reden, im Netzwerk Gehirn ist das ... ? Erraten.

Man muss allerdings unterscheiden: Aus dem zweiten Kapitel erinnern Sie sich vielleicht, dass Dopamin die latente Inhibition senkt und damit Ablenkungen erleichtert. Diese Wirkung, durch welche die Assoziationshierarchie gering wird, hat Dopamin im Nucleus accumbens. Sie ist der Wirkung in der Hirnrinde entgegengesetzt. Die Regelkreise im Gehirn sind nun so geschaltet, dass Dopaminaktivität im Nucleus accumbens einhergeht mit höherer Tätigkeit des DMN. Wenn wir uns im Folgenden auf das kortikale Geschehen beschränken und Nucleus accumbens außer Acht lassen, kann man vereinfachen: Bei geringer Dopaminaktivität in der Hirnrinde sind alle möglichen Assoziationen einander gleichwertig. Wenn ich „Flasche" höre, kann ich naheliegend an „Glas" und „Wein" denken, aber es können mir auch „Klein'sche Flasche", „Post" oder „Hausmeister" in den Sinn kommen. Mit steigender Dopaminaktivität wird die Assoziationshierarchie steiler. Dann fallen mir zu „Post" nur noch „Brief" und „Gelb" ein, aber nicht mehr „Insel" und „Kutsche".

Wenn diese Überlegungen richtig sind, dann beruht Kreativität weniger darauf, dass der Dopaminspiegel sich fest auf einem mittleren Niveau hielte, sondern vielmehr darauf, dass er sich rasch verändern kann. Dass er mal sinkt, um die Temperatur zu erhöhen, die Schrittweite zu steigern, die Assoziationshierarchie zu verflachen, und dann wieder steigt, um ein neues Optimum behutsam einzukreisen. Martindale verweist auf eine ganze Reihe von Daten, die diese Annahme stützen: Bei kreativen Menschen misst man eine höhere Variabilität von physiologischen Parametern, die Erregung (*arousal*) und damit Dopaminaktivität anzeigen, wie Hautwiderstand, Pulsrate oder Alpha-Aktivität im EEG, als bei unkreativen. Ihre Erregung, gemessen als Alpha-Aktivität im EEG, ändert sich auch je nach dem kreativen Anspruch einer Aufgabe, während sie bei unkreativen Personen immer hoch ist. Sie sind sozusagen bei einer bestimmten – eher tiefen – Temperatur gefangen.

Nebenbei erklärt das Modell, warum die bipolare Störung die einzige psychische Erkrankung ist, die einigermaßen solide mit Kreativität zusammenhängt (Abb. 4). Während

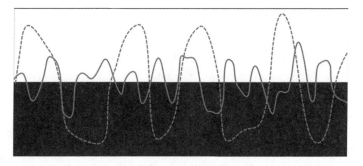

Abb. 4 So kann man sich die Schwankungen der Dopaminaktivität bei gesunden Menschen (durchgezogene Linie) und Menschen mit einer bipolaren Störung (gestrichelte Linie) vorstellen

gesunde, unkreative Menschen eine recht starre, hohe Dopaminaktivität haben, schwankt sie bei gesunden, kreativen um einen mittleren Wert und erlaubt es so, neue Ideen aus den Tiefen des Unbewussten heraufzuziehen ins helle Licht der Ausarbeitung. Bipolar Erkrankte machen diese Schwankungen in noch stärkerem Maße durch, ins tiefste Dunkel des Inneren, dann wieder himmelhoch hinauf in manische Aktivität. Intelligenz und Talent vorausgesetzt, vermögen sie, untergründige Einsichten zu schürfen und später mit nimmermüder Energie zur Perfektion zu schleifen.

Wie passt das damit zusammen, dass das Zusammenspiel der großen Netzwerke bei mittlerem Dopaminspiegel am besten funktioniert? Die einfachste Erklärung liegt darin, dass, wie wir am vierten Tag beobachten durften, die zeitliche Auflösung der bildgebenden Verfahren nicht sonderlich hoch ist. Ein Gedanke kristallisiert sich in Sekundenbruchteilen, und ebenso schnell kann sich die Dopaminausschüttung ändern. Dagegen misst funktionelle Magnetresonanztomografie Änderungen im Sekundenbereich.

Für ein vollständiges Bild muss man aber noch die Architektur des Gehirns berücksichtigen. Die Nervenzellen schwimmen darin ja nicht wie Atome in einer Schmelze, und die synaptischen Verbindungen flackern auch nicht rasend durch die denkbaren Stärken. Das Hin und Her zwischen Verflüssigung und Erstarren muss also anders geregelt werden, im Rahmen eines Nervennetzes, das ziemlich stabil verknüpft ist.

Hier hilft es, uns zu erinnern, dass die Nervenfasern, die Dopamin ausschütten, nicht die gesamte Hirnrinde durchziehen, sondern nur das Stirnhirn. Höhere Dopaminausschüttung macht das Stirnhirn leistungsfähiger. Es muss also

das Stirnhirn sein – und zwar vorrangig das seitliche Stirnhirn, welches Teil des exekutiven Kontrollnetzwerks ist –, das
die Schrittweite bei der Gipfelsuche kontrolliert.

Wie wir ebenfalls gelernt haben, übt das Stirnhirn seine
Funktion vor allem über Hemmung aus. Es unterdrückt
die Tätigkeit anderer Gehirngebiete. Das kann es tun dank
seiner sehr langen Verbindungen, die in fast alle Bereiche der
Hirnrinde und tiefer liegender Strukturen reichen. Wenn das
seitliche Stirnhirn durch Dopamin aktiviert wird, greifen
seine Ausgänge wie lange Tentakel in die subalternen Hirngebiete und sorgen dort für Ruhe. So könnte zu erklären
sein, dass diese untergeordneten Gebiete, wenn sie Teil des
DMN sind, lokal und unkontrolliert viele verschiedene Ver-
knüpfungsmuster aktivieren, also erratisch Assoziationen
auftauchen lassen, solange der Dopaminspiegel im Stirnhirn
nicht zu hoch ist. Ist eine brauchbare Assoziation gefunden,
steigt die Dopaminausschüttung kurzfristig, und die Idee
wird dem tätigen Handeln des Kontrollnetzwerks verfügbar gemacht. Danach kann die Aktivierung bei Bedarf sofort
wieder sinken.

Dieses Modell sieht das Gehirn als ein Netzwerk, in dem
es viele Verbindungen zwischen nah benachbarten Neuronen
gibt, aber auch einige Verbindungen großer Reichweite –
etwa vom Stirnhirn ins DMN. Ein Netzwerk mit einer
solchen Architektur nennt man *small world*-Netzwerk, und
es hat alle möglichen faszinierenden Eigenschaften.[16] Eine
davon ist, dass viele natürliche oder selbstorganisiert entstandene Netzwerke eine *small world*-Architektur aufwei-
sen – von Nervensystemen über soziale Netzwerke bis hin zu
Stromnetzen und Straßenverbindungen.

Wenn andere lebende Netze im Prinzip so organisiert sind wie unser Gehirn, dann könnte das bedeuten, dass auch sie über Kreativität verfügen.[17]

Nehmen wir Sprachen. In der wunderschönen, an die Wurzeln der Ewigen Stadt reichenden Kirche San Clemente[18] kann man in der Krypta eine Art „Frescomic" aus dem elften Jahrhundert bestaunen. Da versuchen die römischen Häscher, den Heiligen in den Kerker zu schleppen, haben in ihrer Verblendung aber statt seiner eine Marmorsäule erwischt. „Fili de le pute, traite", feuert ihr Hauptmann sie an, „ihr Hurensöhne, zieht!" Das ist, vor immerhin tausend Jahren, schon ziemlich italienisch. Die kaum 200 Jahre später entstandene Göttliche Komödie von Dante kann man mit soliden Italienischkenntnissen lesen, ähnlich wie das hundert Jahre ältere „Cantar de Mio Cid" verständlich ist, wenn man Spanisch kann. Seither sind die westromanischen Sprachen „fertig".

Entstanden sind sie in kürzerer Zeit, in den sechs Jahrhunderten nach dem Fall des Römischen Reichs. In Abwesenheit einer kontrollierenden, hemmenden Zentralmacht war auch die Hierarchie der Idiome verschwunden. Es gab keine verbindliche Hochsprache, und so entstanden Dialekte und daraus neue Sprachen. Je mehr in der Renaissance neue Zentralstaaten entstanden (in Frankreich und Spanien), desto stärker wurde der Einfluss ihrer langen Arme; neue Hochsprachen kristallisierten sich heraus (das Toskanische in Italien auch ohne Zentralstaat).

Auch die Artbildung kann man ähnlich interpretieren. Wenn sich Tiere oder Pflanzen nur in der nächsten Nachbarschaft fortpflanzen, weil weiträumige Kontakte unmöglich sind, kann es zur allopatrischen Artbildung kommen, das heißt zur Aufspaltung von Arten durch geographische Trennung. Wenn hingegen die Wanderungsdistanzen größer werden – vielleicht durch den Eingriff des Menschen –, dann vermischen sich die Populationen, und eine einzige Art setzt sich durch.

In allen Fällen entstehen neue, lokale Lösungen, solange die zentrale Kontrolle fehlt. Je weiträumiger die Vernetzung wird, je mehr sich mächtige Knoten (*hubs*) herausbilden, desto geringer wird die anarchische Kreativität der gesonderten Gebiete. Dafür aber entsteht im Ausgleich die Möglichkeit, die Hervorbringung dieses einen Knotens zur vollen Blüte zu bringen.

Der Gedanke ist faszinierend, dass auf allen Ebenen der Gezeitenwechsel von Anarchie und Hegemonie, von lebendigem Chaos und Kristallisation nötig ist, um Neues und Großes entstehen zu lassen. Die Vielfalt bildet sich zwar unter Bedingungen flacher Hierarchien und geringer Auslese. Sie wäre aber schnell gesättigt, würde aufhören, produktiv zu sein, und in lebenden Fossilien enden, wenn nicht ein Entwurf sich durchsetzte und dann verginge, um zum Nährboden für die nächste Generation des Neuen zu werden.

Spaziergang im Paradies

Zum Schluss: Sie haben bemerkt, dass dies keines von jenen Büchern ist, aus denen Sie lernen, wie Sie Ihre Kreativität steigern, um Ihre Verwertbarkeit als Humankapital aufzubessern. Trotzdem haben Sie im dritten Kapitel immerhin gelernt, dass so ein Unterfangen recht sinnlos wäre. Wenn Ihnen Kreativität nur dazu dienen soll, die Kollegin bei der Beförderung auszustechen oder die Verkaufszahlen Ihrer Firma zu steigern, dann wird sie sich schwerlich einstellen. Intrinsische Motivation muss schon dabei sein. Ehrgeiz und Geld mögen den Arbeitseifer durchaus steigern, aber nur wer zumindest *auch* Freude am Schaffen empfindet, kann hochwertiges Neues hervorbringen.

Dies setzen wir also voraus, wenn wir abschließend zusammenfassen, welche Tipps für mehr Kreativität sich vielleicht aus dem gewinnen lassen, was wir über ihre Entstehung im Gehirn gelernt haben. Es sind – sagen wir es gleich vorab – gar nicht so sehr viele. Denn Kreativität ist kein zuschaltbarer Turbolader, sondern eine Grundeigenschaft des Gehirns. Sie ergibt sich aus den Eigenschaften, Antrieben und Lebenslagen jedes Menschen (und Tieres). Wer sich für zu wenig kreativ hält, müsste – wie Rilke im Angesicht des Torso – apodiktisch und dramatisch schließen: „Du musst dein Leben ändern." Das aber ist meistens kein sehr hilfreicher Tipp

- Tun Sie, was Ihnen Freude macht. Wie gesagt: Ganz ohne intrinsische Motivation geht es nicht. Und warum sollten Sie auch Ihr Leben und Ihre Kraft für etwas verplempern, das Sie nicht beglückt?
- Wenn Sie eine Aufgabe gestellt bekommen haben, die Sie nun kreativ lösen müssen: Suchen Sie darin nach dem Reiz, den die Aufgabe für Sie haben kann. Überlegen Sie, welche Ihrer Fähigkeiten die Aufgabe anspricht. Überlegen Sie, dass es Spaß machen kann, diese Fähigkeiten auf die Aufgabe anzuwenden. Kurz: Wecken Sie Ihre intrinsische

Motivation, aus der Aufgabe das Beste zu machen und zu zeigen, was in Ihnen steckt.

- Machen Sie sich kundig. Alle Kreativität setzt Fähigkeit voraus. Nur wenn Sie das Feld, auf dem Sie wirken wollen, sehr gut beherrschen, werden Sie auf neuartige Lösungen kommen, und wird etwas Gutes dabei herauskommen. Verfallen Sie nicht dem Irrglauben, Sie könnten nach Lektüre von ein paar GEO- und Spektrum-Artikeln die Probleme der Teilchenphysik lösen; glauben Sie nicht, aus dem Stegreif einen Bestsellerroman schreiben zu können; halten Sie Ihr Smartphonegeknipse nicht für Photokunst. Oder positiv ausgedrückt: Wenn es etwas gibt, das Sie immer schon gerne und gründlich getan haben, dann bleiben Sie dabei.

- Seien Sie kritisch mit sich selbst. Gut werden auf einem Gebiet können Sie nur, wenn Sie ständig prüfen, was Sie noch besser hätten machen können. – Zur Entwicklung Ihrer Fertigkeiten hilft es, nebenbei bemerkt, wenn Sie intelligent sind. Wir wollen einmal davon ausgehen. Wenn nicht, lässt sich daran auch nicht viel ändern.

- Gönnen Sie sich Muße. Man muss dem *Default Mode*-Netzwerk Gelegenheit zur Arbeit geben. Es produziert seine Ideen dann, wenn Sie vermeintlich nichts tun. Schämen Sie sich also nicht einer gelegentlichen Faulenzerei. Verzichten Sie ab und an auf Ablenkungsmaschinen wie Fernseher, Computer und Smartphone. Die schlaffen Phasen, in denen Sie damit rumsurfen, sind genau die Zeiten, in denen das DMN gerne Assoziationen durchspielen möchte. Und schlafen Sie auch gut! Denn Schlaf dient nicht nur Ihrer Kreativität, sondern Ihrer ganzen körperlichen und geistigen Gesundheit.

- Machen Sie Spaziergänge! Nichts ist besser für Geist und Körper. Nietzsche, der Wanderer in Sils-Maria, riet ebenfalls: „So wenig als möglich sitzen; keinem Gedanken Glauben schenken, der nicht im Freien geboren ist und bei freier Bewegung – in dem nicht auch die Muskeln ein Fest feiern."

- Auch Reisen hilft. Wobei wir hier die Unterscheidung zwischen „Reisen" und „Urlaub" übernehmen wollen, die Alex Garland in „The Beach" getroffen hat. Auch Urlaube – also Erholung in Vertrautheit – helfen Ihrer Kreativität auf, weil sie Gelegenheit zur Entspannung und zum Sinnieren bieten und damit jene Muße, in welcher das DMN tätig wird. Besser aber noch funktioniert Reisen – also Erkundungsfahrten ins Unbekannte –, weil sie neuartige Erfahrungen bieten, die Ihre Denkschemata (*mindsets*) aufbrechen.

- Aber versuchen Sie es nicht mit Drogen. Sie geben Ihnen keine Fähigkeiten, die Sie nicht schon haben.

- Hilfreich ist dagegen anscheinend eine Zimmerpflanze oder, wenn Ihnen die immer eingeht, eine grüngestrichene Wand im Sichtfeld Ihres Schreibtischarbeitsplatzes.

- Und dann: ans Werk! Hier schließt sich der Kreis: Ohne (motivierte) Arbeit geht es nicht. Vom bloßen Träumen werden Bücher nicht geschrieben. Pläne allein bauen kein Haus, und auch geniale wissenschaftliche Ideen müssen mühsam im Labor belegt werden. Allzu viele Leute sprechen davon, dass sie „immer schon gerne schreiben wollten". Schopenhauer dagegen war der Ansicht, dass Wille und Tun im Prinzip dasselbe seien, so dass die Aussage „Ich will es, aber ich tue es nicht" in sich widersprüchlich sei. Er hat – wie so oft – recht.

- Wenn Ihnen jedoch Ihre Lebenslage zum Tun keine Kraft lässt, oder keine Zeit, wenn Arbeitsstress, Geldsorgen, Abstiegsangst Ihr Denken heiß laufen lassen und nichts dabei herauskommt: Dann müssen Sie tatsächlich Ihr Leben ändern. Das aber liegt außerhalb der Zuständigkeit dieses Buches.

****

Die Stadt ruht, als Sie zur Mittagszeit zur Piazza del Popolo schlendern. Eine durchgeschlafene Nacht und ein spätes Frühstück haben dafür gesorgt, dass Sie sich nach sechs Tagen harter Arbeit nun ganz ausgeruht fühlen. Der Stadt scheint es genauso zu gehen. Es sind kaum Autos auf den Straßen. Leute sitzen im Schatten auf Balkons und Gehwegen, trinken einen Cafè vor den Bars oder flanieren ebenso entspannt wie Sie in der Sonne. Von der tobenden Wildheit der vergangenen Nacht ist nichts mehr zu spüren. Sind das dieselben Menschen?

Pünktlich erreichen Sie den verabredeten Treffpunkt. Prefrontale wartet schon. Er sitzt auf den marmornen Stufen vor der Stadtverwaltung und grüßt Sie lässig, während er sich erhebt.

„Wo geht es jetzt hin?", fragen Sie.

Der Commissario zieht ein unterschriebenes und gestempeltes Formular aus der Tasche. Aber statt es Ihnen zu geben, winkt er Ihnen damit. „Kommen Sie."

Er steigt die Treppen hinan und zieht dabei mit der anderen Hand einen Schlüsselbund aus der Tasche.

„Gut, dass bei der Polizei ein Notfallschlüssel hinterlegt ist", sagt er, als Sie beide an der dunkel lackierten

Doppeltür der Stadtverwaltung angelangt sind. „Das erspart das Aufbrechen."

„Aber", protestieren Sie, „das ist die Stadtverwaltung!"

Prefrontale schmunzelt rätselhaft. „Vielleicht", sagt er nur.

Er schließt die Tür auf, und Sie gehen mit ihm in die dunkle Kühle. Prefrontale wartet nicht darauf, dass sich Ihre Augen an das Dämmerlicht gewöhnen, sondern sucht und findet einen Lichtschalter. Im Neonlicht wirkt der lange, breite Flur seltsam nackt und leer.

„Was suchen wir hier?" fragen Sie. „Es ist Sonntag."

Der Commissario geht auf die nächstbeste Tür zu. Die Schritte seiner harten Sohlen hallen durch den hohen Korridor. Der Notschlüssel öffnet auch diese Tür.

Das Büro dahinter wirkt ungewöhnlich aufgeräumt. Es liegen keine Akten auf den Tischen. An den Computerbildschirmen heften keine Notizzettel, auf den Schreibtischen stehen keine Photos, Kaffeetassen oder Topfpflanzen.

„Das habe ich mir gedacht. Sehen Sie", sagt Prefrontale und wischt über den nächststehenden Schreibtisch. Dicke Staubflocken bleiben an seiner Hand kleben. Sie begreifen noch nicht:

„Ein ungenutztes Büro. Ich verstehe nicht, was Sie damit sagen wollen."

Der Commissario führt Sie wieder auf den Flur.

„Suchen Sie sich eine Tür aus", sagt er. Sie konsultieren rasch den Wegweiser, dann gehen Sie zu einer Tür hinten rechts. Das Einwohnermeldeamt wird wohl schwerlich außer Funktion sein.

Doch als der Commissario Ihnen die Tür öffnet, bietet sich Ihnen dasselbe Bild: ein lange verlassenes, staubiges Büro. Hier, und in allen Zimmer, die Sie besuchen, hat seit Wochen niemand mehr gearbeitet.

Der Commissario schaut Ihnen in die Augen, während Sie versuchen, diese Entdeckung zu verarbeiten.

„Keine Stadtverwaltung", stammeln Sie. „Aber ... wer organisiert denn dann die Stadt?"

„Die Stadt", wiederholt Prefrontale. Oder ist es eine Antwort?

„Aber wer passt auf, dass nicht alles im Chaos versinkt?"

Der Commissario schaut sie an. Sie schauen ihn an. Er nickt.

„Dafür sind wir da", sagt er. „Und nun gehen wir. Am siebten Tage sollst Du ruhen."

Draußen überfallen Sie Hitze und Helligkeit.

„Ein schöner, kühler Garten ist jetzt der richtige Ort", sagt Prefrontale. „Sie haben in den letzten Tagen zu viel drinnen gesessen. Warum gehen Sie nicht hinter dem Finanzamt spazieren?"

Und das tun Sie. Sie sehen sich alles an, was die Stadt gemacht hat. Und siehe da, es ist sehr gut.

****

Anmerkungen

1 Kleibeuker, S.W., De Dreu, C.K.W. & Crone, E.A. (2013) The development of creative cognition across adolescence: distinct trajectories for insight and divergent thinking. Dev. Sci. 16: 2–12.

2 Constantinescu, A.O., O'Reilly, J.X & Behrens, T.E.J. (2016) Organizing conceptual knowledge in humans with a gridlike code. Science 352: 1464–1468.

3 Z. B. Christoff, K., Gordon, A.M. & Smith, R. (2008) The role of spontaneous thought in human cognition. In: Vartanian, O. & Mandel, D.R. (Hrsg.) Neuroscience of decision making. New York: Psychology Press: „It has been proposed that creative thought includes different components: first, a generative stage relying on the generation of novelty and access to remote semantic associations, which appears to be linked to ‚default‘ network and memory regions; and second, the evaluative aspects, which may be most strongly linked to lateral prefrontal recruitment.“

4 Zdenek, M. (1988) Right-brain techniques: a catalyst for creative thinking and internal focusing. A study of five writers and six psychotherapists. Psychiatr. Clin. North. Am. 11: 427–441.

5 Fox, M.D., Snyder, A.Z., Vincent, J.L., Corbetta, M., Van Essen, D.C. & Raichle, M.E. (2005) The human brain is intrinsically organized into dynamic, anticorrelated functional networks. PNAS 102: 9673–9678.

6 Ulrich, M., Keller, J., Hoenig, K., Waller, C. & Grön, G. (2014) Neural correlates of experimentally induced flow experiences. NeuroImage 86: 194–202.

7 Taft, M.W. (2015) The mindful geek. Kensington (CA): Cephalopod Rex.

8 Taft, M.W. (s. o.) und Brewer, J.A., Bowen, S., Smith, J.T., Marlatt, G.A. & Potenza, M.N. Mindfulness-based treatments for co-occurring depression and substance use disorders: what can we learn from the brain? Addiction 105: 1698–1706.

9 Csikszentmihalyi, M. (2014) Flow und Kreativität. Wie Sie Ihre Grenzen überwinden und das Unmögliche schaffen. Stuttgart: Klett-Cotta.

10 Ellamil, M., Dobson, C., Beeman, M. & Christoff, K. (2012) Evaluative and generative modes of thought during the creative process. NeuroImage 59: 1783–1794.

11 Beaty, R.E., Benedek, M., Kaufman, S.B. & Silvia, P.J. (2015) Default and executive network coupling supports creative idea production. Sci. Rep. 5:10964.

12 Christoff, K., Gordon A.M., Smallwood, J., Smith, R. & Schooler, J.W. (2009) Experience sampling during fMRI reveals default network and executive system contributions to mind wandering. PNAS 106: 8719–8724.

13 Dies und das Folgende nach: Roffman, J.L. et al. (2016) Dopamine D1 signaling organizes network dynamics underlying working memory. Sci. Adv. 2:e1501672.

14 So meinen zumindest: Arnsten, A.F.T., Wang, M.J. & Paspalas, C.D. (2012) Neuromodulation of thought: flexibilities and vulnerabilities in prefrontal cortical network synapses. Neuron 76: 223–239.

15 Martindale, C. (1995) Creativity and connectionism. In: Smith, S., Ward, T. & Finke, R. (Hrsg.) The creative cognition approach. Cambridge: MIT Press, S. 249–268.

16 Buchanan, M. (2002) Small worlds. Spannende Einblicke in die Komplexitätstheorie. Frankfurt: Campus Verlag.

17 https://derschwarzekater.wordpress.com/2012/11/05/kleiner-beitrag-zu-einer-theorie-der-kreativitat/

18 Deine Schichten weisen
den Ursprung der Geschichte.
Man kann durch Zeiten reisen
im Neonröhrenlichte.
Denn jede Stufe abwärts
macht Jahr um Jahr zunichte.
Du bist, in Romas Herz,
geschichtete Geschichte.

Stichwortverzeichnis

© Springer-Verlag GmbH Deutschland 2018
K. Lehmann, *Das schöpferische Gehirn*,
https://doi.org/10.1007/978-3-662-54662-8

Ihr Bonus als Käufer dieses Buches

Als Käufer dieses Buches können Sie kostenlos das eBook zum Buch nutzen.
Sie können es dauerhaft in Ihrem persönlichen, digitalen Bücherregal auf **springer.com** speichern oder auf Ihren PC/Tablet/eReader downloaden.

Gehen Sie bitte wie folgt vor:

1. Gehen Sie zu **springer.com/shop** und suchen Sie das vorliegende Buch (am schnellsten über die Eingabe der eISBN).
2. Legen Sie es in den Warenkorb und klicken Sie dann auf: **zum Einkaufswagen/zur Kasse.**
3. Geben Sie den untenstehenden Coupon ein. In der Bestellübersicht wird damit das eBook mit 0 Euro ausgewiesen, ist also kostenlos für Sie.
4. Gehen Sie weiter **zur Kasse** und schließen den Vorgang ab.
5. Sie können das eBook nun downloaden und auf einem Gerät Ihrer Wahl lesen. Das eBook bleibt dauerhaft in Ihrem digitalen Bücherregal gespeichert.

EBOOK INSIDE

eISBN   978-3-662-54662-8
Ihr persönlicher Coupon   fSMYKgbZPadSHWQ

Sollte der Coupon fehlen oder nicht funktionieren, senden Sie uns bitte eine E-Mail mit dem Betreff: **eBook inside** an **customerservice@springer.com**.